GOUVERNEMENT GÉNÉRAL DE L'ALGÉRIE

EXPOSITION GÉNÉRALE

DES

PRODUITS DE L'AGRICULTURE

ET DES

DIFFÉRENTES INDUSTRIES AGRICOLES

À Alger, en 1862, du 5 au 12 Octobre

ALGER

TYPOGRAPHIE DUCLAUX, RUE DU COMMERCE

1862

EXPOSITION GÉNÉRALE

DES

PRODUITS DE L'AGRICULTURE

Et des différentes Industries agricoles

A ALGER, EN 1862

C.

GOUVERNEMENT GÉNÉRAL DE L'ALGÉRIE

EXPOSITION GÉNÉRALE

DES

PRODUITS DE L'AGRICULTURE,

ET DES

DIFFÉRENTES INSDUSTRIES AGRICOLES

A ALGER, EN 1862

Du 5 au 40 Octobre

ALGER

TYPOGRAPHIE DUCLAUX, RUE DU COMMERCE

—

1862

EXPOSITION GÉNÉRALE

DES

PRODUITS DE L'AGRICULTURE

Et des différentes Industries agricoles

———————

AU NOM DE L'EMPEREUR !

Le Maréchal de France, Gouverneur Général de l'Algérie,

Vu l'arrêté organique du 30 août 1861, sur les Expositions générales des produits de l'agriculture et des diverses industries agricoles de l'Algérie ;

Sur le rapport de M. le Conseiller d'Etat, Directeur général des Services civils,

ARRÊTE :

ARTICLE PREMIER.

L'Exposition générale des produits de l'agriculture et des diverses industries agricoles, qui doit avoir lieu annuellement dans l'une des trois provinces de l'Algérie, se tiendra, cette année, à Alger, du 5 au 10 octobre.

ART. 2.

Une prime d'honneur sera décernée, lors de cette Exposition, à l'agriculteur *de la province d'Alger* dont l'exploitation, comparée aux autres domaines de la province, sera le mieux dirigée, et qui aura réalisé les améliorations les plus utiles et les plus propres à être offertes comme exemple.

Des médailles d'or, d'argent et de bronze seront, en outre, mises à la disposition du Jury, pour être distribuées aux concurrents dont les domaines auront été visités, pour des améliorations partielles déterminées, telles qu'un drainage bien entendu, des plantations, une irrigation habilement tracée, un heureux aménagement des bâtiments ruraux, un ingénieux arrangement du fumier de la ferme, la bonne tenue et l'amélioration du bétail, etc., etc.

PREMIÈRE DIVISION

Prime d'Honneur.

ART. 3.

La prime d'honneur à décerner consistera en :

Une somme de...................... 1.000 fr.
Et une coupe d'argent de............ 1.000 »

ART. 4.

Des médailles de bronze avec des primes de 100 francs chacune pourront être distribuées entre les divers agents de l'exploitation primée.

DEUXIÈME DIVISION

ANIMAUX REPRODUCTEURS ET AUTRES

ART. 5.

Les prix et les médailles sont répartis de la manière suivante, entre les diverses classes, catégories et sections d'animaux exposés par les producteurs européens et indigènes des trois provinces, et jugés dignes de les obtenir :

1re CLASSE. — ESPÈCE CHEVALINE.

CATÉGORIE UNIQUE. — *RACE INDIGÈNE PURE.*

1re SECTION. — **Juments poulinières suitées âgées de moins de 12 ans.**

1er prix : une médaille d'or et.......	500 fr
2e prix : une médaille d'argent et....	250
3e prix : une médaille de bronze et..	100

2e SECTION. — **Poulains de 18 mois à 3 ans.**

nés chez l'exposant.

1er prix : une médaille d'argent et...	200 fr.
2e prix : une médaille de bronze et...	150
3e prix : une médaille de bronze et....	100

3e SECTION. — **Pouliches de 18 mois à 3 ans,**

nées chez l'exposant.

1er prix : une médaille d'argent et...	200 fr
2e prix : une médaille de bronze et...	150
3e prix : une médaille de bronze et..	100

2me CLASSE. — **ESPÈCE MULASSIÈRE**.

1re SECTION. — **Baudets reproducteurs de 3 à 6 ans, au plus,**

pouvant servir à produire des mulets de trait.

Prix unique : une médaille d'argent et   200 fr.

2e SECTION. — **Anesses de 3 à 8 ans**.

propres à faire des baudets pour la reproduction des mulets de trait.

1er prix : une médaille d'argent et....   200 fr.
2e prix : une médaille de bronze et..   100

3e SECTION. — **Mules et mulets de 18 mois à 3 ans,**

nés chez l'exposant.

1er prix : une médaille d'argent et...   200 fr.
2e prix : une médaille de bronze et..   150

3me CLASSE. — **ESPÈCE BOVINE**.

1re CATÉGORIE. — *RACE INDIGÈNE*.

1re SECTION. — **Taureaux de 18 mois à 4 ans,**

nés chez l'exposant.

1er prix : une médaille d'argent et...   400 fr.
2e prix : une médaille de bronze et...   300
3e prix : une médaille de bronze et..   200

2e SECTION. — **Vaches**.

1er prix : une médaille d'argent et....   200
2e prix : une médaille de bronze et..   100
3e prix : une médaille de bronze et..   50

3ᵉ Section. — **Génisses de 18 mois à 3 ans,** *nées chez l'exposant.*

1ᵉʳ prix : une médaille d'argent et... 150 fr.
2ᵉ prix : une médaille de bronze et... 100

2ᵉ Catégorie. — *RACES DE TOUTE PROVENANCE.*

1ʳᵉ Section. — **Taureaux de race laitière, de 18 mois à 4 ans.**

1ᵉʳ prix : une médaille d'argent et... 400 fr.
2ᵉ prix : une médaille de bronze et... 300
3ᵉ prix : une médaille de bronze et... 200

2ᵉ Section. — **Vaches laitières.**

1ᵉʳ prix : une médaille d'argent et... 200 fr.
2ᵉ prix : une médaille de bronze et... 150
3ᵉ prix : une médaille de bronze et... 100

4ᵉ CLASSE. — **ESPÈCE OVINE.**

1ʳᵉ Catégorie. — *RACE MÉRINOS PURE.*

1ʳᵉ Section. — **Béliers âgés de 2 ans au moins.**

1ᵉʳ prix : une médaille d'argent et... 200 fr.
2ᵉ prix : une médaille de bronze et... 100

2ᵉ Section. — **Brebis par lots de 20.**

1ᵉʳ prix : une médaille d'argent et... 200 fr.
2ᵉ prix : une médaille de bronze et... 100

2ᵉ Catégorie. — *RACE INDIGÈNE.*

1ʳᵉ Section. — **Béliers indigènes de 2 ans au moins.**

1ᵉʳ prix : une médaille d'argent et... 200 fr.
2ᵉ prix : une médaille de bronze et... 100

2ᵉ Section. — **Brebis par lots de 20**.

1ᵉʳ prix : une médaille d'argent et. . .   200 fr.
2ᵉ prix : une médaille de bronze et. .   100

3ᵉ Catégorie. — *MÉTIS CROISÉS*.

Section unique. — **Brebis par lots de 20,**
nées chez l'exposant.

1ᵉʳ prix : une médaille d'argent et. . .   200 fr.
2ᵉ prix : une médaille de bronze et. .   100

5ᵉ CLASSE. — **ESPÈCE CAPRINE**.

Catégorie unique. — *RACE CHÈVRE ANGORA, MÉTIS
CROISÉS.*

Section unique. — **Chèvres par lots de 10 et un Bouc,**
nés chez l'exposant.

1ᵉʳ prix : une médaille d'argent et. . .   150 fr.
2ᵉ prix : une médaille de bronze et. .   100

6ᵉ CLASSE. — **ESPÈCE PORCINE**.

1ʳᵉ Section — **Verrats,**
nés chez l'exposant.

Prix unique : une médaille d'argent et   100 fr.

2ᵉ Section. — **Traies suitées,**
nées chez l'exposant.

Prix unique : une médaille d'argent et   100 fr.

7ᵉ CLASSE. — **ANIMAUX DE BASSE-COUR**.

Une somme de 400 francs et huit médailles de bronze sont
mises à la disposition du Jury pour être distribuées en prix aux
meilleurs lots de volaille et autres animaux de basse-cour.

Chacun des lots de coqs et poules comprendra, au moins, un mâle et deux femelles. Pour les autres espèces, les lots seront composés d'un mâle et d'une femelle.

ART. 6.

Les animaux des espèces bovine, ovine et porcine, non mentionnés comme devant être nés chez les exposants, devront être en leur possession et se trouver dans leurs étables, bergeries et porcheries, au moins, depuis le 1er juillet 1861.

ART. 7.

Un exposant ne pourra recevoir qu'un seul prix dans chaque section de chacune des catégories ; il pourra, toutefois, présenter autant d'animaux qu'il voudra dans chacune des sections.

ART. 8.

Dans le cas où les animaux qui auront été jugés dignes des premiers et des seconds prix ne seront pas nés chez l'exposant, une médaille d'or, d'argent ou de bronze, suivant la nature du prix, sera décernée à l'éleveur chez lequel seront nés ces animaux.

ART. 9.

Des mentions honorables, constatées par des certificats imprimés et signés par le Président du Jury, seront accordées lorsque plusieurs animaux, appartenant au même propriétaire et présentés ainsi qu'il est dit à l'article 7, méritaient d'être primés, ou, lorsque le Jury, après avoir épuisé les récompenses prévues par l'arrêté, trouvera utile de signaler des reproducteurs à l'attention des éleveurs.

ART. 10.

Les animaux primés à l'Exposition générale pourront toujours concourir ultérieurement dans un concours de la même nature ;

mais, dans ce cas, ils ne pourront recevoir qu'un prix d'un degré supérieur à celui qu'ils auront obtenu dans la même section.

Si, dans le nouveau concours, ils sont désignés pour le prix qu'ils ont reçu précédemment, ils n'auront droit qu'au rappel de leur prix, constaté par un certificat délivré par le Jury, et malgré ce rappel, le prix s'il est mérité par un autre concurrent, sera attribué à celui-ci.

Pour rendre possible l'exécution de ces prescriptions, les animaux primés à l'Exposition générale seront marqués.

ART. 11.

Les taureaux reproducteurs, primés à l'Exposition générale, devront être livrés à la reproduction, pendant une période ultérieure d'au moins deux années et à un prix qui ne pourra excéder trois francs par saillie. S'ils sont vendus à des tiers, la clause de conservation pendant les deux années qui suivront le concours et celle relative au prix de saillie devront être expressément imposées aux acheteurs.

En cas d'inexécution de cette prescription de la part des propriétaires récompensés ou de celle des tiers détenteurs, les uns ou les autres, selon les cas, seront exclus à l'avenir des concours de l'État, à moins qu'ils ne puissent prouver, par un certificat de vétérinaire, légalisé par l'autorité compétente, des faits d'accidents ou de maladies graves qui auront nécessité une autre destination donnée à l'animal primé.

ART. 12.

Une somme de 400 francs et des médailles de bronze seront mises à la disposition du Jury pour être distribuées aux gens à gages qui lui seront signalés par les éleveurs, pour les soins intelligents qu'ils auront donnés aux animaux primés. A mérite égal, le Jury devra prendre en considération la durée des services.

TROISIÉME DIVISION.

MACHINES ET INSTRUMENTS AGRICOLES

ART. 13.

Des prix consistant en médailles d'or, d'argent, et de bronze, avec primes, seront attribués aux machines et instruments agricoles qui auront été reconnus les plus utiles par le Jury.

ART. 14.

Les machines et instruments sont répartis en deux sections. La première comprendra tous ceux qui appartiennent à des exposants de l'Algérie, et dans la seconde viendront se placer et concourir entr'eux les machines et instruments appartenant à des exposants étrangers.

Les machines fabriquées à l'étranger et exposées par l'importateur en Algérie, seront primées au profit de ce dernier, dans le cas toutefois où le fabricant ne viendrait pas exposer lui-même un modèle de la même machine. Alors l'objet du concours passerait de la première à la seconde section, et le prix, s'il y a lieu, serait décerné au fabricant qui serait en même temps importateur, à l'exclusion de l'importateur simple.

Deux séries de prix correspondront aux deux sections.

PRIX PROPOSÉS POUR CHACUNE DES DEUX SECTIONS.

—

1ʳᵉ SOUS-SECTION. — **Travaux d'extérieur.**

1° Meilleure machine à élever l'eau.

1ᵉʳ prix : une médaille d'argent et...   200 fr.
2ᵉ prix : une médaille de bronze et.   100

2° *Charrues.*

1er prix : une médaille d'or et.....   200 fr.
2e prix : une médaille d'argent et.   100
3e prix : une médaille de bronze et.   50

3° *Charrues sous-sol.*

Prix unique : une médaille d'argent et   100 fr.

4° *Herses.*

1er prix : une médaille d'argent et..   100 fr.
2e prix : une médaille de bronze et.   50

5° *Rouleaux.*

Prix unique : une médaille d'argent et   100 fr.

6° *Semoirs.*

Prix unique : une médaille d'argent et   100 fr.

7° *Houes à cheval.*

Prix unique : une médaille d'argent et   100 fr.

8° *Butteurs.*

Prix unique : une médaille de bronze et   50 fr.

9° *Machines à faucher les prairies naturelles ou artificielles.*

1er prix : une médaille d'or et....   250 fr.
2e prix : une médaille d'argent et.   200
3e prix : une médaille de bronze et.   100

10° *Machines à faner.*

Prix unique : une médaille d'argent et   100 fr.

11° *Rateaux à cheval.*

Prix unique : une médaille en argent et   100 fr.

12° *Machines à moissonner.*

1er prix : une médaille d'or et.....   300 fr.
2e prix : une médaille d'argent et.   200
3e prix : une médaille de bronze et   100

13° *Harnais propres aux usages agricoles.*

Prix unique : une médaille de bronze et   50 fr.

14° *Collections d'instruments à main pour les travaux extérieurs.*

Prix unique : une médaille de bronze et   50 fr.

15° *Ruches.*

1er prix : une médaille d'argent et   100 fr.
2e prix : une médaille de bronze et.   50

2ᵉ Sous-Section. — **Travaux d'intérieur.**

1° *Machines à fabriquer les tuyaux de drainage.*

Prix unique : une médaille d'argent et   100 fr.

2° *Collection de machines pour le drainage.*

Prix unique : une médaille de bronze et   50 fr.

3° *Machines à battre mobiles.*

1er prix : une médaille d'or et.....   300 fr.
2e prix : une médaille d'argent et...   200
3e prix : une médaille de bronze et   100

4° *Tarares.*

Prix unique : une médaille d'argent   et   100 fr.

5° Cribles et trieurs.

1er prix : une médaille d'argent et... 100 fr.

2e prix : une médaille de bronze et. 50

6° Collections d'instruments et d'ustensiles d'intérieur de fermes.

Prix unique: une médaille de bronze et 50 fr.

Il est mis, en outre, à la disposition du Jury, une médaille d'or, deux médailles d'argent et quatre médailles de bronze pour les machines et instruments, à quelque section qu'ils se rattachent, non prévus dans le présent programme ou d'un usage local, et qui seront reconnus utiles à l'agriculture.

ART. 15.

Des mentions honorables, constatées par des certificats délivrés au nom du Jury par le Président, peuvent être accordées, lorsque le Jury, après avoir épuisé, pour les machines et instruments prévus, les récompenses indiquées dans le présent arrêté, trouve utile de signaler certains objets exposés à l'attention des agriculteurs.

ART. 16.

Les machines et instruments récompensés à l'Exposition générale pourront se représenter en Algérie dans un concours de même nature ; mais si aucune modification notable n'y a été apportée, ils ne pourront être admis à obtenir qu'un prix d'un degré supérieur à celui qu'ils ont déjà mérité.

Si, dans le nouveau concours, ils sont désignés pour le prix qu'ils avaient précédemment reçu, ils n'ont droit qu'au rappel de ce prix, constaté par un certificat délivré par le Jury. S'ils ne méritent qu'un prix inférieur, ils ne peuvent pas être mentionnés.

Malgré ce rappel, le prix, s'il est mérité par un autre concurrent, sera attribué à celui-ci.

QUATRIÈME DIVISION.

PRODUITS AGRICOLES

ET MATIÈRES UTILES A L'AGRICULTURE.

Tels que : Céréales de toutes sortes ; Pois, Fèves, Haricots,
Lentilles ; Béchena (Sorgho kabyle) ; Pommes de terre, Patates ; Lin, Chanvre, Coton, Soie ; Graines de lin, Colza ; Tabacs, Garance, Houblon, Opium ; Miel et Cire, Cochenille ;
Fruits frais, Raisins secs, Figues sèches, Olives en saumure ; Huile d'olives comestible ; Vins blancs et rouges,
Alcools, Vinaigres, Liqueurs diverses ; Essences ; Tabacs à
priser du pays, Tabacs à fumer sans mélanges, Cigares préparés sans mélanges et rendus combustibles ; Effilochage des
plantes textiles du pays ; Pâtes à papier, Papiers fabriqués ;
Pommades aux essences du pays ; Produits de liége ; Minoterie, Farines, Semoules, Pâtes alimentaires ; Plantes officinales ; Emplois des Marbres et argiles ; Bois du pays, etc.

ART. 17.

Quatre médailles d'or, douze médailles d'argent et vingt
médailles de bronze sont mises à la disposition du Jury pour
être attribuées aux produits agricoles et aux matières utiles
à l'agriculture admis au concours et dont le mérite aura été
signalé.

ART. 18.

Une somme de 500 fr., et cinq médailles d'argent et de
bronze sont également mises à la disposition du Jury pour être

distribuées entre les serviteurs européens et indigènes qui auront utilement servi dans la même ferme pendant plus de dix ans.

DISPOSITIONS GÉNÉRALES.

ART. 19.

Les produits agricoles, machines et instruments aratoires des trois provinces, expédiés par la voie de mer, seront transportés aux frais de l'Etat, mais au péril et risques de l'exposant, depuis le port d'embarquement jusqu'à Alger.

Une somme de deux mille cinq cents francs est destinée à solder des indemnités de transport pour les animaux provenant des trois provinces de l'Algérie, ainsi que pour les machines de provenance étrangère à la colonie, qui auront été l'objet de premiers et de seconds prix à l'Exposition générale. Ces indemnités seront réparties au prorata desdits frais de transport pour chaque exposant.

ART. 20.

Les Etablissements entretenus ou dont la création aura été subventionnée par l'Etat, et qui se présenteraient au Concours dans l'une des quatre Divisions, n'auront droit qu'à des mentions honorables et, par suite, au compte-rendu public des résultats qui auraient fixé l'attention du Jury.

ART. 21.

Le Jury a pour Président d'honneur le Préfet du département dans lequel se tient le Concours.

Une Commission, dont tous les membres font partie du Jury, est chargée de visiter et d'étudier, avant l'époque fixée pour l'ouverture de l'Exposition, les exploitations qui concourent pour la prime d'honneur. Cette Commission est présidée par le président du Jury ; elle élit un Rapporteur pris parmi ses membres, et celui-ci présente au Jury, qui statue souverainement, les propositions de la Commission.

Le Jury, en ce qui concerne l'Exposition, se divise en sections.

La première section juge les animaux ; la seconde, les machines et instruments agricoles ; la troisième, les produits agricoles et matières utiles à l'agriculture.

Les Présidents de ces sections seront nommés par le Gouverneur Général.

ART. 22.

Le Jury, dans ses décisions, se conformera strictement aux règles édictées dans le présent arrêté ; il ne peut opérer de virement de prix d'une catégorie dans une autre catégorie, ni d'une section dans une autre section, ni établir des prix *ex œquo*.

Les jugements sont prononcés à la majorité des voix. En cas de partage, la voix du Président est prépondérante.

ART. 23.

La police du Concours appartient exclusivement au Secrétaire-Général de la Direction générale des Services civils, Président du Jury ; il statue seul en ce qui concerne l'entrée du public dans les différentes parties de l'Exposition.

Aucune personne étrangère au Jury ne peut être admise dans l'enceinte du Concours pendant le classement, ni pendant les opérations du Jury.

ART. 24.

Les concurrents à la prime d'honneur devront adresser, le 10 mai prochain, au plus tard, à la Direction générale des Services civils de l'Algérie, un mémoire indiquant les principales conditions de leur exploitation, conformément au questionnaire dont un exemplaire sera mis à leur disposition, sur leur demande, tant dans les bureaux du Gouvernement Général, que dans ceux de la Préfecture d'Alger, des Sous-Préfectures et Commissariats civils du département, au Bureau civil de la Division, enfin, dans les Bureaux des Subdivisions et Cercles de la province.

Pour les machines et instruments agricoles, les exposants devront adresser, s'ils résident en France ou à l'étranger, à M. le Gouverneur Général de l'Algérie, et, pour les animaux, s'ils résident dans l'une des trois provinces de la Colonie, au Préfet du département, avant le 1er août, une déclaration écrite indiquant :

1° Pour les animaux : le nom et la résidence du propriétaire, la catégorie et la section dans lesquelles ils doivent concourir, leur origine, leur race, leur âge, leur robe, la durée de possession, et en quel lieu ces animaux ont résidé pendant cette durée. (Modèle A.)

2° Pour les instruments : le nom et la résidence de l'exposant; la désignation, l'usage et le prix de vente; si l'exposant a importé, inventé, ou seulement perfectionné, ou enfin s'il a exécuté ou fait exécuter, sur des données antérieurement connues, la machine ou l'instrument exposé; s'il y a lieu, le nom et la résidence de l'ouvrier exécutant. (Modèle B.)

3° Pour les produits agricoles : le nom et la résidence de l'exposant, la nature, la provenance, la quantité et la valeur vénale du produit présenté. (Modèle C.)

Des déclarations en blanc seront adressées à tous ceux qui en feront la demande, soit au Gouverneur Général, soit à l'un des Préfets. Il en sera aussi déposé dans toutes les Sous-Préfectures et Commissariats civils.

Les exposants d'animaux sont responsables de leurs déclarations, et si, par leur fait et volontairement, les animaux sont mal classés et reconnus tels par le Jury, il devront être mis hors de concours dans les classes et catégories pour lesquelles les propriétaires les auront indûment désignés.

ART. 25.

Toute déclaration qui ne sera pas parvenue dans les Préfectures le 1ᵉʳ août, au plus tard, et qui ne contiendra pas, en caractères lisibles, les renseignements indiqués ci-dessus, sera considérée comme nulle et non avenue.

ART. 26.

Aucun animal ni aucun objet ne pourra être enlevé sans la permission préalable du Président du Jury.

Les propriétaires d'animaux ou de machines et instruments primés, devront les laisser, s'il y a lieu, à la disposition du Jury au moins un jour après la clôture de l'Exposition.

ART. 27.

Toute personne qui aura fait une fausse déclaration sera exclue des concours, par le Jury, pour un temps plus ou moins long.

ART. 28.

Toute contravention relative aux dispositions du présent arrêté et toutes les réclamations seront jugées par le Jury.

ART. 29.

Aussitôt après la proclamation de la prime d'honneur et des prix, le procès-verbal des différentes opérations du Concours sera adressé par le Président du Jury au Gouverneur Général.

ART. 30.

Le Jury pourra déterminer certains jours de la semaine pendant lesquels l'entrée à l'Exposition donnera lieu à la perception d'un droit qui ne pourra excéder un franc par personne.

Fait à Alger, le 31 mars 1862.

Mᵃˡ PELISSIER, DUC DE MALAKOFF.

DÉCLARATION. — Modèle A.

Je, soussigné (propriétaire ou fermier), demeurant à _____ commune d _____ département d _____
déclare vouloir présenter au Concours d'Alger :

ESPÈCE. (Bovine, ovine, porcine et autres.)	CLASSE ou catégorie dans laquelle l'animal doit concourir.	RACE.	SEXE.	ROBE.	NUMÉROS aux sabots ou aux cornes et autres signes particuliers propres à faire distinguer l'animal.	GÉNÉALOGIE		ÂGE au 1er mai 1861.	NÉ CHEZ Indiquer la date de la naissance, si on la connaît, la durée de possession et le nom de la localité où l'animal a résidé.	ÉLEVÉ chez.	OBSERVATIONS. Indiquer les prix précédemment obtenus, la généalogie complète de l'animal, tous les détails propres à le faire apprécier.
						Son père.	Sa mère.				

Certifiant sincères et véritables les renseignements ci-dessus et m'engageant à présenter ledit animal au Concours d'Alger, le _____
À _____ le _____ (Signer.)

Réclamer des modèles de déclarations au Gouvernement général, dans les préfectures, sous-préfectures et commissariats civils, et avoir soin de ne mettre qu'un seul animal sur chaque déclaration.

DÉCLARATION. — Modèle B.

Je, soussigné (propriétaire ou fermier), demeurant à _____ commune d _____ département d _____
déclare vouloir présenter au Concours d'Alger :

NOM de l'instrument.	DESCRIPTION sommaire de l'instrument.	LONGUEUR et largeur de l'instrument.	USAGE de l'instrument.	PRIX de vente.	INVENTÉ par	PERFECTIONNÉ par	EXÉCUTÉ par	DÉTAILS propres à faire connaître l'instrument. Prix précédemment obtenus par ledit instrument.

Certifiant sincères et véritables les renseignements ci-dessus et m'engageant à présenter ledit instrument au Concours d'Alger, le _____
À _____ le _____ (Signer.)

Réclamer des modèles de déclarations au Gouvernement général, dans les préfectures, sous-préfectures et commissariats civils, et avoir soin de ne mettre qu'un seul instrument sur chaque déclaration.

DÉCLARATION. — Modèle C.

département d

commune d

Je, soussigné (propriétaire ou fermier), demeurant à
déclare vouloir présenter au Concours d'Alger :

NOMBRE.	NOMS des produits.	DESCRIPTION sommaire.	ÉTAT des produits.	ÉTENDUE cultivée.	SOL sur lequel les produits ont été obtenus.	DÉTAILS propres à faire apprécier les produits.	PRIX.

Certifiant sincères et véritables les renseignements ci-dessus, et m'engageant à présenter lesdits produits au Concours d'Alger.

A   le   (Signer.)

Réclamer des modèles de déclarations au Gouvernement général, dans les préfectures, sous-préfectures et commissariats civils.

POUVOIR. — Modèle D.

département d

commune d

Je, soussigné (propriétaire ou fermier), à
donne pouvoir au sieur   de, pour moi et en mon nom, présenter au prochain Concours d'Alger,
un (*désignation de l'animal, de l'instrument ou du produit*), recevoir la médaille ou le prix qu'il pourra mériter, en donner
quittance, vendre, s'il y a lieu, ledit (*animal, instrument ou produit*), en toucher le prix, et se soumettre à toutes
les conditions du Concours.

A   le   Bon pour pouvoir. (*Signer.*)

Faire viser par les Maires, dont la signature devra être légalisée par le Préfet ou le Sous-Préfet.
Ce pouvoir doit être donné sur papier timbré et être enregistré.

JURY DE L'EXPOSITION.

(Arrêté de S. E. M. le Maréchal Gouverneur Général, en date du 2 septembre 1862.)

M. le PRÉFET D'ALGER, *Président d'honneur.*

1re SECTION. — *Chargée d'apprécier les animaux.*

M. SERPH, Secrétaire général de la Direction générale des Services civils, *Premier Vice-Président du Jury, Président de la section.*

1re SOUS-SECTION. — *Pour juger les animaux des espèces bovine, ovine, caprine, porcine et animaux de basse-cour.*

MM. BERNIS, *Vice-Président.*

REVERCHON, membre de la Chambre consultative d'agriculture.

CHRÉTIEN, propriétaire-agriculteur.

BONNEMAIN, inspecteur de colonisation.

2e SOUS-SECTION. — *Pour juger les animaux des espèces chevaline et mulassière.*

MM. le colonel BURAUD, Directeur des Établissements hippiques de l'Algérie, *Vice-Président.*

LESCANNE, membre du Conseil général.

DUTREILH, vétérinaire attaché à l'État-Major général.

ROI, inspecteur de colonisation.

2e SECTION. — *Chargée d'apprécier les instruments et machines agricoles.*

M. le baron VIALAR, président de la Chambre consultative d'agriculture, *Président de la section.*

1re SOUS-SECTION. — *Pour juger les instruments d'extérieur de ferme.*

MM. WEYER, membre du Conseil général, *Vice-Président.*

HARDY, faisant fonctions d'ingénieur en chef des Ponts-et-Chaussées.

TEULE, membre de la Chambre consultative d'agriculture.

PASTUREAU, propriétaire-agriculteur.

2e SOUS-SECTION. — *Pour juger les instruments d'intérieur de ferme.*

MM. VILLE, ingénieur en chef des Mines, *Vice-Président.*

ARNOULD, membre de la Chambre consultative d'agriculture.

DARRU, inspecteur de colonisation.

3e SECTION. — *Chargée d'apprécier les produits agricoles et les matières utiles à l'agriculture.*

MM. WALWEIN, conseiller de Préfecture, *Président.*

HARDY, directeur du Jardin d'acclimatation, *Vice-Président.*

JUBAULT, capitaine-adjoint à la Direction divisionnaire des Affaires arabes.

VALLIER, membre de la Chambre consultative d'agriculture.

COMMISSAIRE-GÉNÉRAL.

M. SERPH, *Premier Vice-Président de l'Exposition.*

COMMISSAIRES.

MM. DARRU (Albert). 1re section, 1re sous-section.

DECROIX, vétérinaire de l'armée, 1re section, 2e sous-section.

GIMBERT, propriétaire-agriculteur, 2e section, 1re sous-section.

SAINTE-ROSE-SUQUET, membre de la Société impériale d'agriculture, 2e section, 2e sous-section.

LOCHE, conservateur de l'Exposition permanente des produits de l'Algérie, 3e section.

HÉRAIL, inspecteur de colonisation, Entrées.

RÈGLEMENT DE L'EXPOSITION.

(Arrêté de S. E. M. le Maréchal Gouverneur Général, du 19 septembre 1862.)

Dimanche, 5 octobre. — Réception des animaux. — Continuation de la réception des instruments et produits agricoles, commencée les 2, 3 et 4 octobre. — Montage des machines. — De 7 heures du matin à 5 heures du soir.

Lundi, 6 octobre.... — Essai de machines agricoles.

Mardi, 7 octobre.... — Travaux des sections.

Mercredi, 8 octobre. — A 2 heures, Ouverture de l'Exposition. — Prix d'entrée: 1 franc par personne.

Jeudi, 9 octobre..,.... — Exposition publique de 10 heures du matin à 5 heures du soir. — Prix d'entrée: 50 centimes.

Vendredi, 10 octobre. — Entrée gratuite depuis 8 heures du matin.

A 2 heures: Distribution solennelle des prix.

Par une décision postérieure, la Distribution solennelle a été remise au *Dimanche, 12 Octobre*, à deux heures, et l'entrée gratuite continuée les Samedi et Dimanche, 11 et 12 Octobre.

NOMBRE ET DÉSIGNATION

DES ANIMAUX

MACHINES ET INSTRUMENTS ARATOIRES

PRODUITS AGRICOLES DE TOUTES SORTES

PRÉSENTÉS AU CONCOURS

DEUXIÈME DIVISION

Animaux reproducteurs et autres

1° *Espèce chevaline.*

sujets.

Race indigène pure. — Juments poulinières suitées,
poulains et pouliches......................... 47

2° *Espèce mulassière.*

Baudets reproducteurs, ânesses, mules et mulets de race
espagnole, de Tarbes et Kabyle-Espagnole......... 7

3° *Espèce bovine.*

Race indigène. — Taureaux, vaches, génisses........ 28

Taureaux et vaches de toutes provenances (piémontaise,
charolaise, mancelle, ayr, romaine, mahonnaise,
ariége, suisse, bretonne)..................... 39

4° *Espèce ovine.*

Race mérinos pure. — Béliers et brebis............. 31

Race indigène. — Béliers et brebis............... 160

Métis croisés................................ 103

5° *Espèce caprine.*

Race chèvre angora, métis croisés............... 38

6° *Espèce porcine.*

Verrats et truies............................ 9

7° *Animaux de basse-cour.*

Oies, coqs et poules, dindons, pintades, canards, chapons
(races espagnole-cochinchinoise, Brahma-Poutra,
Crève-Cœur)............................. 24

486

TROISIÈME DIVISION.

Machines et Instruments agricoles.

1re Section.—*EXPOSANTS DE L'ALGÉRIE.*

1° Charrues avec ou sans avant-train, — à sous-sol, —
Dombasle, — Brabant double, — à double versoir, —
houes à cheval, — extirpateur et scarificateurs..... 24

2° Herses simples et mobiles.................... 5

3° Tarares et trieur mécanique.................. 3

4° Machine à vapeur locomobile................. 1

5° Faucheuses moissonneuses, — moissonneuse à bras. 3

6° Machine à battre, machines à égrener le coton et les céréales. **4**

7° Presse, — pressoir à presser les marcs. **2**

8° Pompes pour épuisement, irrigation, incendie. **4**

9° Bascule pour peser le bétail. **1**

10° Ruches. **4**

11° Métier pour la fabrication des paillassons. **1**

12° Chariot avec ferrements pour piquages mobiles, traîneau de ferme. **2**

13° Jougs et instruments divers. **8**

14° Voitures, selles et divers (hors concours). **6**

                                            68

2e Section. — *EXPOSANTS HORS L'ALGÉRIE.*

1° Charrues Dombasle, Bodin, Howard, à versoir rotatif (système Cougoureux), vigneronne, sous-sol, polysocs, défonceuse (grand et petit modèle), défricheuse, déchausseuse, Brabant double, bineuse-vigneronne (système Cazalis), araires, scarificateurs, déchausseur, houes à cheval, à buttoir. **68**

2° Herses en fer, en bois, articulées en fer, anglaise, accouplées avec palonniers, ratissoire à cheval. **18**

3° Tarares, trieurs. **14**

4° Râteaux et rouleaux à cheval, brise-mottes, Croskill.   **15**

5° Hache-paille, égrenoir à maïs, concasseur de grains, coupe-racines, broyeur de tourteaux et broyeuse à cylindre. **15**

6° Teilleuse à palettes........................ 2

7° Machines à vapeur locomobiles. — Loco-batteuse à vapeur, moteur agricole à vapeur, machine à battre, à fonctions multiples, manéges locomobiles, fixe sur piédestal, scie locomobile, scierie agricole, scierie circulaire indépendante............................. 25

8° Faucheuses-moissonneuses.................... 5

9° Pompes pour les vins, d'arrosage, à purin, à cylindres et à mouvement brisé......................... 5

10° Ruches, barattes, glacières, appareil culinaire, buanderie-baignoire, cuit-légumes et ustensiles divers d'intérieur................................. 40

11° Sondes d'agriculture, sonde Palissy............ 2

12° Forges portatives........................... 5

13° Machine mobile pour élever l'eau............. 1

14° Moulin à farine............................. 3

15° Pétrin mécanique........................... 2

16° Transmission à longues distances............. 1

17° Machines à rebattre les faulx, enclumes, aiguiseurs, colliers, jougs, pince-nez, brouette à ensacheur mobile, barrière, collection d'outils de drainage, collection d'instruments à main et de jardinage......... 38

260

QUATRIÈME DIVISION.

Produits agricoles et Matières utiles à l'agriculture.

Céréales de toutes sortes (blés tendre et dur, orge, avoine). Pois, fèves, haricots, lentilles, béchena (sorgho kabyle), pommes de terre, patates, lin, chanvre, cotons, soies, graines de lin, colza, tabacs, garance, houblon, opium, miel et cire, cochenille, fruits frais, raisins secs, figues sèches, olives en saumure, huiles d'olive comestibles, ricin, huile de ricin, vins blancs et rouges, alcools, vinaigres, liqueurs diverses, essences, tabacs à priser du pays, tabacs à fumer sans mélanges, cigares préparés sans mélanges et rendus combustibles, effilochage des plantes textiles du pays, pommades aux essences du pays, produits de liége, minoterie, farines, semoules, pâtes alimentaires, plantes officinales, emploi des marbres et argiles, bois du pays, etc.   381

Distribution solennelle des Prix.

DIMANCHE, 12 OCTOBRE 1862.

La cérémonie de la distribution des médailles décernées à la suite de l'Exposition a été favorisée par un temps magnifique. Commencée à deux heures, elle ne s'est terminée que vers cinq heures.

M. le Gouverneur Général, entouré des autorités et des principales notabilités de la province, les membres du jury, les membres des sociétés agricoles, les lauréats et de nombreux invités assistaient à cette brillante solennité.

Cette Exposition générale, la première qui ait eu cette importance en Algérie, a dépassé toutes les espérances que l'on avait pu concevoir. C'est avec un vif sentiment de satisfaction que chacun a constaté combien l'Algérie y était dignement représentée par la richesse et la variété de ses produits, et tout le monde rendait hommage au succès des dispositions adoptées pour que rien ne manquât à l'éclat et à l'utilité de cette brillante exhibition.

M. le Conseiller d'Etat, Directeur général des services civils, et Président d'honneur du Jury, a ouvert la séance par le discours suivant:

« Monsieur le Maréchal,

» Messieurs,

» Nous célébrons la fête de l'agriculture. Ainsi faisaient les anciens; car tous les peuples policés ont compris que l'agriculture est le premier des arts, puisqu'elle répond au premier des besoins.

» Pour nous, nous l'honorons encore, à un point de vue moral et politique, pour sa vertu fortifiante. C'est la charrue qui donne ces populations saines qui ont fait du suffrage universel un élément de salut et où l'armée recrute ses dociles et énergiques soldats.

» C'est un signe heureux du temps présent que le retour vers des traditions qui ont subi des intermittences, mais qui, en définitive, ont toujours caractérisé les plus beaux règnes et les meilleures administrations. Pour ne parler que de notre pays, c'est Henri IV qui, le premier de nos rois, a donné un grand élan à l'agriculture, par les soins de Sully, son ministre habile et économe.

» On ne s'étonnera donc pas de la solennité donnée à cette fête, ni de ce concours nombreux, ni d'y voir assister notre illustre Maréchal, Gouverneur Général, accompagné de M. le Sous-Gouverneur, toujours présent où il y a un progrès algérien à constater; tous les généraux, tous les hauts fonctionnaires, ainsi que MM. les inspecteurs généraux présents à Alger, que je remercie d'avoir bien voulu se joindre à eux.

» Honorer l'agriculture, c'est faire acte d'intelligence gouvernementale; dans ce pays, c'est en même temps faire profession de foi algérienne. Aussi, ce concours, qui nous plairait partout, nous charme-t-il à Alger.

» Que l'on voie réunis à Caen, à Toulouse ou à Lille, cinq ou six cents instruments agricoles perfectionnés, deux ou trois cents animaux de choix, mille échantillons de produits du sol, on s'en applaudit, on ne s'en étonne pas ; mais qu'à Alger, sur cette terre encore résonnante du bruit des armes, en face de cette fière montagne du Jurjura dont vous voyez resplendir les crêtes, et où, il y a cinq ans à peine, se donnait le dernier assaut de la France contre l'Afrique, de la civilisation chrétienne contre l'inertie musulmane, nous contemplions ce spectacle doux et charmant, voilà qui réjouit au-delà de tout ce qu'on pourrait dire.

» En effet, Messieurs, la production et les intérêts agricoles de l'Algérie ont déjà une importance que bien des personnes ne soupçonnent pas. Ces intérêts, cette production se sont développés chez les Indigènes comme chez les Européens, depuis l'occupation française, dans des proportions bien remarquables. Si, avant notre occupation, la somme totale des importations et des exportations ne dépassait pas huit millions de francs, elle a atteint, en 1861, le chiffre de 166 millions. Cette année, bien que la récolte n'ait pas été bonne, les produits des céréales ont été de près de huit millions d'hectolitres, représentant une valeur d'environ 180 millions de francs. Ainsi du reste.

» Messieurs les exposants, je vous remercie. Vous avez largement répondu à notre appel. Je sais que, matériellement, vous n'avez pas à vous plaindre, et je désire que vous emportiez de notre hospitalité algérienne un agréable souvenir.

» L'année prochaine, et celle d'après, vous serez invités à des expositions analogues à Oran et à Constantine. Vous y trouverez le même accueil sympathique. Vous reviendrez ensuite et nous constaterons avec certitude le progrès accompli dans cette période triennale.

» Je remercie aussi mes collègues du Jury ; ils nous ont prêté ce concours dévoué, actif et cordial qu'on est toujours sûr de trouver chez les Algériens pour les choses algériennes.

» J'ai fini, Messieurs, car je tiens au mérite d'être court, et je donne la parole à M. le premier vice-président. »

M. Serph, premier vice-président du Jury, a prononcé le discours suivant .

« MONSIEUR LE MARÉCHAL,

» MESSIEURS,

» La solennité qui nous rassemble n'est pas seulement une vaine satisfaction donnée à la curiosité publique, elle a un but plus élevé : c'est un hommage éclatant rendu à l'agriculture, cette reine du monde, la première et la plus essentielle de nos industries.

» Nous ne saurions trop l'honorer, car c'est de son amélioration ou de son déclin, comme nous l'a dit une bouche auguste (1), que dépendent la prospérité et la décadence des empires.

» C'est du jour où l'agriculture cessa d'être en honneur chez le peuple romain que nous voyons décroître sa puissance ; Carthage n'eut peut-être pas été vaincue si Cérès y avait eu plus de fidèles.

» Si nous jetons les yeux autour de nous sur notre monde moderne, nous voyons les États plus ou moins prospères, les contrées plus ou moins riches, suivant le rang qu'y occupe l'agriculture.

» Où en serait l'Angleterre, malgré son immense expansion, sans l'esprit de suite et les procédés perfectionnés qui ont quintuplé les produits de son sol ? N'est-ce pas à la marche progressive de nos agriculteurs de France que nous devons les

(1) S. M. Napoléon III. *Discours d'ouverture de la session législative de 1857.*

améliorations marquées qui se manifestent dans le bien-être de nos populations rurales de la métropole, auxquelles l'Empereur, dans sa bienveillante et constante sollicitude pour elles, a pu donner la poule au pot du dimanche dont le roi populaire aspirait à gratifier jusqu'au moindre de ses sujets?

» Si l'on compare le département du Nord, placé cependant sous un ciel moins généreux, à la Corse et à quelques-uns de nos départements du centre ; la Belgique, la Hollande, la Lombardie, à l'Espagne, à l'Italie méridionale, à la Grèce et à la Turquie, on se rend compte de la différence de la richesse des peuples par les écarts qui existent entre les produits agricoles résultant de méthodes rationnelles, suivies avec persévérance depuis des siècles, et les récoltes de contrées où la culture est restée stationnaire ou à l'état d'enfance.

» Le gouvernement de l'Algérie s'est imposé la mission d'honorer l'agriculture dans la colonie, afin d'y répandre et d'y vulgariser les véritables principes agronomiques, dont l'oubli fait trop souvent de la profession respectée du cultivateur une amère déception.

» Les concours agricoles, si utiles partout par les rapprochements qu'ils opèrent, les comparaisons qu'ils permettent entre des objets voués, par la condition de la vie des champs, à un isolement perpétuel, ont bien plus encore leur raison d'être dans un pays où nous sommes d'hier, où tout était neuf et inconnu, sol, climat, hygiène, zootechnie, où, par conséquent, tout est à étudier et à créer, en quelque sorte.

» L'esprit humain n'y est pas resté inactif ; tous se sont mis à l'œuvre, avec une ardeur que l'on ne saurait trop admirer et sans laquelle les difficultés de la première heure n'eussent pas été vaincues. Mais cette effervescence de la création a généralement produit l'entraînement plutôt qu'une marche régulière et raisonnée.

» L'agriculture, qui est avant tout une science de suite, de prévision et de persévérance, a peut-être trop marché au jour le jour ;

il n'entre pas dans ma pensée d'en accuser les hommes ; c'est bien plutôt la faute des temps et des circonstances.

» Il est nécessaire, aujourd'hui que cela est possible, de s'arrêter dans cette marche trop rapide, et, tout en jetant un coup-d'œil en arrière pour profiter de l'expérience acquise, de voir surtout devant soi, pour préparer les jalons de l'avenir, afin de les planter solidement et de ne plus dévier de la route tracée.

» Il ne faut pas tarder davantage à faire rendre à cette terre, qui a coûté tant de sueurs et de sang, tout ce qu'elle est susceptible de produire.

» Il n'est pas un de vous, Messieurs, qui n'ait entendu faire la critique amère de ce beau pays, et accuser le ciel et la terre, le gouvernement et l'administration, de ne pas donner à tous la prospérité à laquelle chacun aspire. On ne craint pas de nier la fertilité de son sol, on s'en prend au climat, aux intempéries, si les récoltes ne sont pas en proportion des semences confiées par le laboureur à la terre, et cela sans tenir nul compte de cet adage universel : « Aux bons agriculteurs pas de mauvaises années. »

» Si le pays ne prospère pas, selon d'autres, cela tient à l'absence de telle liberté ou de telle forme gouvernementale ou administrative. Il y a du vrai dans ces aspirations, et avec le temps et un peu de patience, chaque chose viendra à son moment.

» Mais, Messieurs, le mal sérieux est-il bien là ? Nous sommes portés à accuser plus volontiers autrui qu'à nous accuser nous-mêmes ; la poutre et la paille de l'Évangile, comme les divers principes agricoles, sont de tous les temps et de tous les pays.

» Permettez-moi de vous dire que je le crois ailleurs.

» Je vous rappelais, il y a un instant, cette vérité incontestée que la prospérité d'un pays dépend de l'état de son agriculture. Est-elle bien en Algérie ce qu'elle devrait être, et la voie dans laquelle elle s'est placée est-elle réellement celle qu'elle doit suivre ?

» Un sage de l'agriculture, Jacques Bujault, dont je vois avec bonheur les œuvres consultées et reproduites dans les publications agricoles de notre nouvelle France, a dit, avec ce bon sens profond qui le caractérise : « Ce n'est pas ce que l'on sème qui produit, c'est ce que l'on fume. »

» Je vois bien, Messieurs, que le cultivateur algérien sème beaucoup, il sème énormément, mais il ne fume guères ; le plus souvent même, et cela est surtout vrai pour les Indigènes, il ne fume pas du tout : remédie-t-il à cet inconvénient par de profonds labours multipliés et des jachères qui, exposant les terres aux rayons bienfaisants du soleil et aux influences fertilisantes de l'atmosphère, atténuent en partie les résultats désastreux du manque d'engrais, tout en détruisant les herbes parasites ? Non, il n'en fait rien, et c'est le plus souvent, au moment d'ensemencer son champ, qu'il l'ouvre pour lui confier le grain qui doit y naître, y vivre et y mûrir, Dieu sait, et nous aussi, dans quelles conditions !

» Cette importance des engrais, sans lesquels il n'y a pas de culture productive possible, est à peine comprise par quelques-uns. C'est cependant de l'or tout trouvé que vous laissez perdre complètement, ou auquel vous ne donnez aucun soin.

» Cette matière si précieuse, dont vous, gens du métier agricole, faites si peu de cas, est cependant appréciée, comme vous ne savez le faire, partout et par tous.

» Sous ce titre : *La terre appauvrie par la mer*, un grand poète, qui ne craint pas de se faire prosateur, en parle en ces termes, dans sa dernière œuvre.

» Que fait-on de cet or fumier ? On le balaie à l'abîme.

» On expédie à grands frais des convois de navires, afin de
» récolter au pôle austral la fiente des pétrels et des pingouins,
» et l'incalculable élément d'opulence qu'on a sous la main, on
» l'envoie à la mer. Tout l'engrais humain et animal que le
» monde perd, rendu à la terre au lieu d'être jeté à l'eau, suffirait
» à nourrir le monde.

» Ce tas d'ordures du coin des bornes, ces tombereaux de
» boue, cahotés la nuit dans les rues, ces affreux tonneaux de
» la voirie, ces fétides écoulements de fange souterraine que le
» pavé vous cache, savez-vous ce que c'est? C'est de la prairie
» en fleur, c'est de l'herbe verte......, c'est du bétail, c'est le
» mugissement satisfait des grands bœufs, le soir, c'est du foin
» parfumé, c'est du blé doré, c'est du pain sur votre table, c'est
» du sang chaud dans vos veines, c'est de la santé, c'est de la
» joie, c'est de la vie. Ainsi le veut cette création mystérieuse
» qui est la transformation sur la terre et la transfiguration dans
» le ciel.

    » Rendez cela au grand creuset ; votre abondance en sortira.
» La nutrition des plantes fait la nourriture des hommes.

    » Vous êtes maîtres de perdre cette richesse et de me trouver
» ridicule par-dessus le marché, ce sera là le chef-d'œuvre de
» votre ignorance. »

    » Il n'y a pas que cette loi de restitution, dont vous venez d'en-
tendre les nécessités et les effets indiqués par une plume si
chaudement colorée, qui soit mise en oubli sur cette terre pri-
vilégiée de l'Algérie ; terre si féconde, qu'elle produit encore,
malgré la violation trop générale de cet autre principe élé-
mentaire, l'alternance des récoltes, dont l'inobservance est
pour l'agriculture une cause de ruine certaine ; c'est une question de temps, suivant le degré de fertilité primitive, mais son
oubli conduit inévitablement à l'appauvrissement du sol et à la
perte de celui qui le cultive.

    » L'infertilité du sol de la vieille Rome et de plusieurs contrées
de la jeune Amérique (1) sont des preuves irrécusables de cette
loi providentielle contre laquelle ne peuvent rien, ni les efforts,
ni la volonté de l'homme.

    » Quoique ce soit une redite et que je sente que j'abuse de mo-

---

(1) Le Maryland, la Virginie et la Caroline du Nord.

ments trop courts et de votre bienveillante attention, je ne résiste pas au désir de vous citer une légende de notre illustre agriculteur poitevin, pénétré que je suis de la nécessité de l'abandon de ces cultures continuelles se succédant à elles-mêmes, sans engrais et sur le même sol.

» C'est la terre qui, sous l'aspect d'une vieille femme déguenillée, maigre et mal peignée, apparaît à un enfant, du nom de Franck, chargé de répandre la vérité agricole parmi les cultivateurs récalcitrants aux bonnes méthodes agronomiques.

« Me connais-tu, mon petit Franck? — Non, vraiment. —
» Je m'appelle la Terre, je nourris le monde et suis ta grand'-
» mère. — Pourquoi pleurez-vous, ma grand'mère? — Le mau-
» vais cultivateur me fait chagrin; il laboure et sème toujours
» du grain, sans fumer, sans rien me donner. Dis-lui donc
» ça, mon pauvre Franck... — Ma grand'mère, je lui dirai....

» Dans un jardin, il change tous les carrés pour l'oignon,
» l'ail et le potage; dans les champs, il ne met luzerne après
» luzerne, ni deux maïs, deux seigles, deux pommes de terre,
» ou deux trèfles de suite. Mais il sème deux froments, fume
» petitement, ou froment et méture, ou froment, avoine et
» baillarge; enfin, toujours, toujours du grain, si bien qu'il
» m'épuise et qu'il n'a rien. Dis-lui donc ça, mon pauvre
» Franck. — Je lui dirai, ma grand'mère.

» La mauvaise herbe me mange, elle vient toujours et tue
» son blé. Le seul moyen, c'est de me mettre en pré, pour que la
» mauvaise herbe pourrisse. Dis-lui donc ça, mon pauvre
» Franck. — Je lui dirai, ma grand'mère. — Mon Dieu! je ne
» demande pas à me reposer, je veux marcher, mais toujours
» changer. Jamais deux grains de suite, ça m'écrase. Autrement
» je ne nourrirai pas tous mes enfants. Dis-lui donc ça, mon
» pauvre Franck.... — Ma grand'mère, je lui dirai.

» Dis-leur: Madame la Terre est maligne comme un diable,
» revêche et têtue; faut lui obéir pour qu'elle donne.... — Je
» ne dirai pas ça, ma grand'mère....

» Si fait! si fait! il faut qu'ils me connaissent. Ne les entends-
» tu pas me dire des sottises, crier : La Terre ne vaut rien, —
» ce sont eux qui ne valent rien. — Dis-leur donc ça, mon
» pauvre Franck. — Je leur dirai, ma grand'mère.

» Vois-tu ! Madame la Terre a vingt espèces de sucs : l'un
» pour le grain, l'autre pour les pommes de terre ; celui-ci pour
» la betterave, celui-là pour la garobe, le colza, le sainfoin, la
» luzerne, etc. Quand l'un est épuisé, il faut lui donner le
» temps de se refaire. Quand on a trait la vache, on attend le
» lait à revenir. — Ma grand'mère, je comprends ça.

» Après un renouvelis, tout vient à merveille, hors le pré.
» C'est que tous les sucs sont là. Alors on peut faire deux fro-
» ments en les fumant. Mais, quand le cheval est fatigué, on le
» laisse reposer ; quand la charrette a roulé, faut la graisser. —
» Je leur dirai ça, ma grand'mère...

» Je voudrais, Messieurs, que le rêve de Franck fût écrit en
lettres de feu dans la demeure de chaque colon; que les vérités
de notre mère commune lui fussent un cauchemar perpétuel,
jusqu'au jour où il aurait suivi ses conseils ; ce jour-là l'agriculture et l'Algérie seraient prospères.... C'est le plus ardent de
mes vœux.

RAPPORT

Sur le Concours des exploitations pour la Prime d'honneur.

PAR M. ROI, MEMBRE DU JURY.

MONSIEUR LE MARÉCHAL,

MESSIEURS,

Les concours de la prime d'honneur, qui, chaque année, soulèvent en France, des luttes d'un puissant intérêt y exercent en même temps la plus heureuse influence sur les progrès de l'agriculture. A ce titre, l'Algérie ne devait pas rester longtemps étrangère à ce mouvement, et c'est à l'initiative intelligente du Gouvernement qui préside à ses destinées, que nous devons cette institution et la solennité qui réunit, dans cette enceinte, l'élite des cultivateurs de la province, ainsi que les remarquables produits des différentes industries qui se rattachent à l'agriculture.

Le but de la prime d'honneur, plus précieuse par la considération dont elle entoure celui qui l'obtient, que par sa valeur réelle, est, comme l'a exprimé M. le Directeur Général des Services civils, dans son rapport précédant l'arrêté soumis à la haute sanction de S. Exc. le Gouverneur Général, de récompenser des résultats acquis et authentiques, dont l'exemple puisse être invoqué, pour démontrer comment l'économie dans les dépenses, l'ordre dans le travail, la perfection raisonnée des méthodes culturales, créent la prospérité présente et assurent l'avenir des exploitations rurales.

Ainsi comprise, cette institution aura pour conséquences,

nous l'espérons du moins, de stimuler le zèle de nos cultivateurs et d'entraîner les esprits vers une tendance favorable aux idées et aux progrès agricoles. En effet, porter à la connaissance de tous des résultats qui seraient restés enfouis dans l'isolement, soumettre au contrôle d'un public éclairé, les opérations si complexes d'un faire-valoir, n'est-ce pas le meilleur moyen de rectifier des erreurs, de vulgariser les bonnes méthodes, les assolements judicieux, d'enseigner vers quelle voie doivent se diriger les efforts de celui qui demande à la terre la juste rémunération de ses avances et de ses travaux ?

Pour la première fois en Algérie, un Jury a été appelé à juger, dans ces conditions, le mérite des concurrents qui sont entrés dans la lice ouverte par l'arrêté du 31 mars dernier. Une commission choisie parmi ses membres, a visité dans tous leurs détails les fermes inscrites pour le concours de la prime d'honneur, et si la situation qu'elle a constatée laisse encore beaucoup à désirer, peut-être en faut-il chercher la cause dans les difficultés nombreuses que rencontre le colon opérant sur un sol nouveau ; peut-être aussi est-elle due à ce que bien peu, avant de se livrer à l'agriculture, se sont assez préoccupés du soin de l'apprendre et de suivre les vrais principes de l'économie rurale.

Malgré l'abstention de quelques cultivateurs que la voix publique a désignés, et qui auraient pu à juste titre prétendre à la prime d'honneur, le nombre des candidats était de neuf, savoir :

Cinq dans l'arrondissement d'Alger ;

Trois dans celui de Blidah ;

Un dans celui de Médéah.

La Commission, pour mettre le jury, nommé par Son Exc. le Gouverneur Général, à même de discuter le mérite des concurrents, a placé sous ses yeux les mémoires, plans et pièces justificatives fournis par chacun d'eux, ainsi que l'exposé fidèle de ce qu'elle a vu lors de sa visite. Ce travail, sur lequel le jury a basé son jugement définitif étant beaucoup, trop volumineux, je me borne à vous en faire connaître rapidement les conclusions.

Dans toutes ces fermes, la Commission a trouvé que l'on cultive trop de céréales relativement à leur étendue, et pas assez de plantes fourragères ; que le nombre des bestiaux est insuffisant pour maintenir le sol en bon état de fertilité ; que les rotations généralement suivies sont beaucoup trop épuisantes, et enfin, qu'à peu d'exceptions près, il n'y a pas de comptabilité régulière.

C'est un fait bien démontré, que les produits de la terre sont en raison de la quantité d'engrais qu'on leur donne, et qu'il est indispensable, dans une ferme bien dirigée, d'entretenir assez de bétail pour restituer au sol ce que lui enlèvent les récoltes destinées à la vente. Le meilleur assolement est celui qui permet, non-seulement d'établir une juste balance entre l'exportation des denrées hors de la ferme et l'importation dans la couche arable de nouvelles matières fertilisantes, mais encore de laisser à celle-ci un excédant de richesse qui, en augmentant sa valeur, constitue la plus importante des améliorations.

En Algérie, comme partout, ce principe d'économie rurale ne souffre pas d'exception; presque tous les colons, cependant, cultivent comme si le sol était inépuisable ; ils oublient que notre terre, si riche qu'elle soit, ne peut résister longtemps, sans s'appauvrir, à l'action répétée de certaines cultures ; que les engrais sont la base principale sur laquelle repose la production agricole ; que sans bétail ou avec peu de bétail, on ne peut faire une agriculture profitable.

La loi de l'alternance des végétaux surtout n'est pas assez observée, on ne craint pas de faire revenir sans interruption la même culture sur le même terrain. Combien de cultivateurs imitent l'un des concurrents qui, sur une propriété de 45 hectares, en ensemence 39 en blé ! Il arrive ce qu'il était facile de prévoir : le sol, épuisé des matériaux nécessaires à la nutrition des plantes utiles, se refuse bientôt à les produire en quantité suffisante ; le chiendent, la folle-avoine et autres plantes nuisibles infestent les champs ; les maladies et les insectes destructeurs arrivent et se multiplient à l'infini au détriment de la richesse publique, et le colon découragé accuse de sa ruine le soleil, la pluie, tout enfin, au lieu de s'en prendre à sa propre incurie.

La Commission a également constaté que bien peu de cultivateurs tiennent une comptabilité régulière ; quelques-uns se contentent d'ouvrir un compte en bloc à chaque culture, sans pénétrer dans le détail de ses opérations ; d'autres, et c'est le plus grand nombre, n'en ont aucune.

Ne pas tenir une comptabilité exacte est une faute qui entraîne toujours des conséquences fâcheuses ; sans elle, le cultivateur ne peut se rendre compte de ce qu'il fait, ni connaître les cultures et les animaux qui lui rapportent le plus, ou qui le constituent en perte. Une comptabilité régulière est une école permanente, où il apprend à augmenter ses bénéfices et à diminuer ses dépenses ; par elle, il est conduit au meilleur des systèmes d'agriculture, c'est-à-dire à celui qui enrichit.

Le jury, dont j'ai l'honneur d'être l'interprète, voudrait graver ces principes dans l'esprit de tous les colons de l'Algérie, afin qu'ils en fissent la règle de leur conduite. Ce n'est qu'en les adoptant qu'ils arriveront à une situation meilleure ; car, dans tous les temps et tous les pays, l'agriculture a été la source la plus certaine du bien-être des peuples et de la richesse des nations ; partout où elle prospère, l'industrie et le commerce prospèrent également ; tout souffre là où elle est négligée et mal comprise. Le commerce et l'industrie déplacent ou transforment les richesses, l'agriculture seule en crée de nouvelles ; c'est la source de tous les progrès matériels de l'humanité, c'est la base sur laquelle repose l'avenir de notre colonie. Le progrès agricole est donc le but vers lequel nous devons marcher ; de lui dépend la fortune de nos cités et de nos campagnes.

Nous regrettons de le dire, mais aucune des fermes qui ont pris part au concours ne réunit les conditions exigées par le programme, aucune ne peut être offerte en exemple aux cultivateurs de la province et n'a obtenu la prime d'honneur. Cependant, au nombre des concurrents, il en est qui se distinguent par des travaux ou des améliorations partielles exécutés avec intelligence, et auxquels le jury n'hésite pas à décerner les récompenses dont il peut disposer, mais il est bien entendu que ces récompenses n'ont aucun rapport avec un classement quelconque des exploitations qui ont prétendu à la prime d'honneur.

La ferme de Caïd Ahmet, que dirige M. Peyront, de l'Arba, se distingue par la propreté de ses récoltes, une plantation de vignes de 10 hectares, parfaitement bien tenue, et l'adoption d'un assolement régulier, qui, malheureusement, n'est pas irréprochable.

Le jury a décerné une médaille d'or à ses labours d'été et à la bonne préparation de ses fumiers, qui sont déposés dans une fosse à sol imperméable et arrosés au moyen d'une pompe à purin. En accordant une récompense à ces travaux spéciaux, le jury a voulu témoigner de l'importance qu'il y attache et engager les cultivateurs à les prendre pour exemple.

MM. Julienne et Lépiney ont présenté au concours une propriété qu'ils possèdent auprès de Médéah. L'exploitation dont il s'agit consiste principalement en un vignoble de 20 hectares très-bien tenu. Il y a, en outre, dans le domaine, un verger de 2 hectares renfermant environ 1,200 arbres fruitiers en parfait état. Le jury accorde à ces Messieurs une médaille d'argent pour leur beau verger et l'installation de leur cave, qui est abondamment pourvue de tous les ustensiles et vaisseaux vinaires propres à la confection et à la conservation des vins.

M. Aupied exploite, à 4 kilomètres de Dellys, une ferme de 156 hectares de superficie ; le fait qui a spécialement fixé l'attention du jury chez ce cultivateur, et pour lequel une médaille d'argent lui est accordée, est d'avoir compris le parti qu'il pouvait tirer du concours des femmes indigènes, en associant les mères de ses bergers dans la production du lait et du beurre, dont le prix est partagé par moitié avec elles. Le résultat de cette association est que le troupeau est mieux gardé, que les vaches sont mieux soignées et plus régulièrement traites.

Outre sa ferme, M. Aupied exploite des salines créées par lui et que la Commission a visitées avec intérêt, bien qu'elles ne fussent pas comprises dans le concours de la prime d'honneur. L'eau de mer, puisée au moyen d'une noria mue par une machine à vapeur, se déverse dans de vastes bassins. Le sel obtenu par l'évaporation à l'air libre, se vend sur place 35 p. 0/0 meilleur marché que celui fourni par l'importation ; c'est un établissement très utile aux tribus kabyles qui viennent s'y approvisionner de cette denrée de première nécessité.

Parmi les concurrents, il y en avait un, M. Nienaltowski, du village de la Chiffa, chez qui la Commission n'a pas trouvé d'exploitation rurale, mais le jury lui a décerné une médaille d'or pour ses remarquables travaux d'apiculture.

Le rucher de M. Nienaltowski, placé dans un jardin rempli de plantes odoriférantes, est entouré d'arbres qui l'abritent contre le soleil et les vents. Il se compose de 310 ruches en bois, ayant chacune un mètre de hauteur sur 0m 50c de largeur ; elles sont coupées en deux parties égales superposées et s'articulent à volonté ; chaque compartiment est muni d'une petite vitre qui permet de voir ce qui se passe dans l'intérieur. Le produit moyen d'une ruche, déduction faite de la part réservée pour la nourriture des abeilles pendant l'hiver, est de 7 à 8 kilog. de miel et de 1 kilog. de cire. En fixant l'attention sur les travaux de cet apiculteur zélé, le jury a espéré que son exemple serait imité par d'autres colons.

Messieurs, qu'il me soit permis d'ajouter quelques mots encore, avant de terminer.

De ce que la prime d'honneur n'a pu être décernée, il ne s'en-

suit pas que le jury ait méconnu les efforts accomplis et les résultats acquis pendant une période de temps relativement très-
courte. Certes, telle n'est pas sa pensée; car, si nous jetons un
regard en arrière, si nous comparons l'étendue des terres actuel-
lement cultivées, à ce qu'elle était, il y a dix ans à peine, nous
pouvons constater des progrès immenses réalisés sous la féconde
impulsion du Gouvernement de l'Empereur, car personne de
nous ne l'a oublié, l'ère de la colonisation ne date véritable-
blement qu'à partir de la promulgation de la loi de douane
de 1851. Mais nous devons l'avouer, en parcourant la province, nous avons reconnu que l'ensemble des travaux
accomplis par la masse des petits propriétaires était plus remarquable que le degré d'avancement auquel sont arrivés
ceux qui exploitent de vastes domaines.

Que faudrait-il, maintenant, pour amener chez tous une situation plus satisfaisante?

L'application des principes que nous avons exposés tout à
l'heure et un meilleur aménagement des forces vives de chaque
exploitation.

Courage donc! Que la décision du jury, quelque sévère qu'elle
vous paraisse, soit un motif d'exciter votre émulation et de ri-
valiser d'ardeur pour le prochain concours : plus les difficultés
sont grandes, plus il y a de gloire à les vaincre. Vous serez soutenus dans vos efforts par une Administration sage et bienveillante, qui fait de la prospérité générale l'objet de sa constante
préoccupation.

RAPPORT

Sur le Concours des espèces chevaline, asine et mulassière,

PAR M. DUTREILH, MEMBRE DU JURY.

Race indigène pure.

Juments poulinières suitées, âgées de moins de 12 ans.

Les membres du jury chargés d'opérer dans la première et la deuxième classe de la deuxième division, comprenant les espèces chevaline et mulassière, devaient avoir à examiner 26 juments poulinières inscrites au catalogue ; 8 n'ont pas été présentées. Elles appartenaient à des Indigènes du cercle de Laghouat et de Djelfa. Ces juments étaient néanmoins à Alger, le dimanche, 5 octobre ; elles ont paru à l'entrée de l'exposition et ont été retirées immédiatement par leurs propriétaires.

Cette abstention est d'autant plus regrettable que les animaux de provenance du sud de la province d'Alger jouissent d'une réputation méritée sur les hippodromes dans les courses de vitesse et de fond.

Trois juments ont été mises hors concours comme ne remplissant pas les conditions du programme : deux, parce qu'elles n'étaient pas suitées ; la dernière étant de race croisée.

L'attention du jury a donc dû porter sur 15 juments reconnues aptes à concourir. Un premier examen a fait immédiatement éliminer 6 sujets qui ne se sont pas trouvés dans de bonnes conditions de reproduction.

8 poulinières ont été prises en sérieuse considération.

Le jury n'a pas hésité à placer en première ligne la jument

portant le numéro 1 du catalogue et appartenant à M. Bourdeyron, propriétaire et éleveur à Tiaret (Oran).

La poulinière mentionnée offre beaucoup de distinction ; elle a de l'ampleur dans les formes, une charpente puissante, des hanches et le bassin bien développés, les allures faciles, aisées, gracieuses, mais manquant de soutien faute d'un dressage bien appliqué. Cette jument, en un mot, présente des caractères prononcés d'amélioration fort avancée.

A elle le jury décerne la médaille d'or et la prime de 500 fr.

L'animal que nous avons dû classer en seconde ligne est une jument portant au catalogue le numéro 9 et appartenant à un Indigène de Bouçaada (Constantine), El-Amri-ben-Bedjana.

C'est une jument très distinguée, d'une puissante conformation, qui a beaucoup de sang et par suite de la vigueur et de l'énergie. A celle-ci la médaille d'argent.

Puis vient, comme méritant la médaille de bronze, la jument inscrite au catalogue sous le numéro 11 et appartenant aussi à un Arabe de Bouçaada, Si Snoussi-ben-Lakdar. Cette poulinière est remarquablement taillée en force et en puissance ; le corps en est beau, bien suivi dans son ensemble ; les extrémités seules laissent à désirer ; les membres postérieurs surtout sont déjà le siége d'une usure prématurée.

L'article 7 du règlement ne nous ayant pas permis d'attribuer le 2e prix à la jument numéro 2 du catalogue et appartenant à M. Bourdeyron, à Tiaret, le jury a cru bien faire en décernant une mention très honorable à la seconde poulinière de cet éleveur, qui se fait admirer par un ensemble de formes bien suivies, par beaucoup de distinction et une grande énergie.

Enfin, nous avons mentionné honorablement les deux poulinières numéros 13 et 26, appartenant, la première, à M. Faur-Méras, de Castiglione, et la seconde à M. Baurens, du Fondouk.

Le numéro 13 a du sang, de l'énergie, mais le corps manque d'ampleur, quoique la mère soit suitée de trois pouliches assez remarquables.

Le numéro 26 est une bonne jument qui offre une certaine distinction et qui est bien suitée.

En dehors du concours, nous signalons tout particulièrement une très belle jument, inscrite sous le numéro 5, appartenant à M. Weyer, propriétaire à Ali-Gatham. Elle est l'objet d'une mention très honorable que lui méritent sa belle taille, son ampleur de poitrine, la solidité de ses reins, sa physionomie expressive ainsi que sa grande vigueur.

Le jury a également accordé une mention honorable, hors concours, à la jument numéro 15, appartenant à M. Pérès Tremol.

Poulains de 18 mois à 3 ans, nés chez l'exposant.

Dans cette catégorie 12 poulains étaient inscrits au catalogue.

Un n'a pas été présenté ;

Un a été rejeté comme ayant dépassé l'âge exigé par le programme;

Un comme n'étant pas de pur sang indigène;

Trois ont été refusés comme ne remplissant pas la condition d'être nés chez l'exposant.

Ces exclusions ont donc réduit à six le chiffre des poulains à examiner.

Parmi ceux-ci, le plus remarquable animal, sans conteste, est celui présenté par M. Bourdeyron, de Tiaret. Le jeune animal figure au catalogue sous le numéro 28. Il est bien suivi, élégant ; il promet beaucoup.

Au numéro 35 appartient le deuxième prix : il est la propriété de M. Laroque, à Oued-el-Alleug.

C'est un beau poulain, d'une conformation régulière et qui, mis en mouvement, offre des allures rapides et soutenues.

A M. Retourna, d'Oued-el-Alleug, appartient le troisième prix. Cet éleveur a présenté un poulain, numéro 39, de bonnes formes, qui a de la distinction et qui, malgré son médiocre état d'embonpoint, dénote de la vigueur et de l'énergie.

Nous répèterons ici, en donnant une mention honorable à M. Bourdeyron pour son poulain, numéro 29, ce que nous avons dit de sa seconde poulinière, c'est qu'il aurait eu le deuxième prix, sans conteste, si le règlement ne s'y était opposé.

Le jury a cru bien faire en accordant une mention très honorable, hors concours, à deux poulains appartenant à M. Charbonnaud, de Roumilly.

Ces deux jeunes animaux de sang croisé, sont remarquables par leurs formes, leur ampleur et leur distinction.

Pouliches de 18 mois à 3 ans, nées chez l'exposant.

Dans cette section, 21 inscriptions figurent au catalogue :

Six pouliches n'ont pas été présentées, dont cinq appartenant à des Indigènes du Sud de la province d'Alger.

Deux ont dû être rejetées pour avoir dépassé l'âge exigé.

Une a été refusée comme n'étant pas née chez l'exposant.

Ce qui a réduit à 12 le nombre des pouliches soumises à notre examen.

C'est encore à M. Bourdeyron qu'appartient le beau sujet à qui le Jury a donné le premier prix dans cette section.

En effet, le numéro 43 du catalogue nous a offert un jeune animal presque irréprochable en taille, force, énergie, distinction, bon agencement de la mécanique animale ; tout en un mot est à signaler chez lui.

Le deuxième prix est affecté au numéro 40 qui appartient à un Arabe, Si Saïd-ben-Daoud, de Bouçaada.

Cette pouliche dont toutes les formes ont de l'ampleur, dont la taille est élevée, est pleine de distinction et d'énergie ; les allures sont aisées et régulières; elle promet beaucoup.

M. Faur-Méras, de Castiglione, nous a présenté le numéro 45. Le Jury a constaté, dans sa pouliche, beaucoup de distinction et de finesse, des formes bien suivies et régulières. L'animal a beaucoup d'avenir. Le Jury lui a accordé le troisième prix.

C'est aussi à MM. Bourdeyron et Faur-Méras que le Jury a décerné des mentions honorables pour les numéros 42 et 46, car la pouliche numéro 42 est d'une très belle conformation, bien suivie dans son ensemble. Elle aurait dû, sans les exigences du règlement, avoir le deuxième prix.

Le numéro 46 est une gracieuse fille d'Issab, étalon syrien de mérite, dont elle possède beaucoup des caractères.

II⁰ CLASSE.

1ʳᵉ Section. — *Baudets reproducteurs de 3 à 6 ans, pouvant servir à produire des mulets de trait.*

La deuxième classe de la deuxième division comprend l'espèce mulassière.

Dans la première section, comme baudet reproducteur, un seul sujet s'est mis sur les rangs et a concouru. Il est inscrit sous le numéro 31.

Le jury n'a pas cru devoir accorder de récompense à un animal qui manque de taille, d'ampleur et de membres. Il est complètement impropre à la reproduction des mulets de trait.

II⁰ Section. -- *Anesses de 3 à 8 ans, propres à faire des baudets pour la reproduction des mulets de trait.*

Dans la deuxième section, trois ânesses ont été inscrites. Deux ont été présentées. Celle inscrite sous le numéro 63 appartient à M. Faur-Méras, et est de race de Tarbes : elle a de la taille, de l'ampleur de poitrine et de hanches. Elle est appelée, par un judicieux accouplement, à donner de bons produits. Aussi le jury lui accorde-t-il le premier prix de cette section. Au numéro 62, appartenant à M. Poujoulat, reviendra le deuxième prix, quoique nous n'ayons pas constaté, dans l'animal présenté, toute l'ampleur et le développement désirables dans un animal de cette catégorie. C'est à M. Poujoulat qu'appartient le baudet reproducteur, mentionné dans la section précédente, comme n'ayant été l'objet d'aucune mention. Il est certain qu'accouplé avec l'ânesse dont il est ici question, et qui ne manque pas de qualités, il n'obtiendra que des produits médiocres.

3e SECTION. — *Mules et mulets de 18 mois à 3 ans, nés chez l'exposant.*

Dans la troisième section, qui comprend les mules et mulets, le jury a signalé le numéro 67, appartenant à M. Levieil, d'Oued-el-Alleug. C'est une très-belle mule à formes arrondies, à poitrine large et profonde, à ligne de dos bien suivie et horizontale, à reins courts et solides, à extrêmités fines, sèches, nerveuses et bien plantées. A cette mule revient de droit le premier prix.

A M. Kertz (Jacob), à Boufarik, le deuxième prix, pour son mulet numéro 68, qui, vigoureux et bien assis sur ses membres laisse à désirer dans sa ligne de dos, qui est longue et terminée par un rein plongé.

Mention honorable à MM. Vidal et Gazzino, pour une mule, dont l'ampleur de formes nous a paru être un peu le résultat d'une stabulation trop prolongée.

Tel est, Monsieur le Maréchal et Messieurs, le résultat des opérations auxquelles vous nous avez conviés. Nous ne terminerons pas sans dire combien particulièrement notre attention a été appelée sur l'exposition d'ensemble d'un de nos exposants, M. Bourdeyron, de Tiaret, dont les sujets sont en tous points remarquables. On ne saurait trop récompenser par toutes les voies possibles les efforts, l'esprit de ténacité et le dévouement à la chose, sans compter les grands sacrifices d'argent qu'a dû apporter M. Bourdeyron, pour arriver aux résultats que nous signalons aujourd'hui. Cet éleveur a été grandement secondé, dans son travail difficile de la production intelligente du cheval, par un serviteur dont le nom et les états de services vous seront dits plus tard, lorsqu'on lui décernera une récompense méritée.

Ce que nous venons de dire pour M. Bourdeyron, nous le dirons de M. Faur-Méras, qui a vu ses efforts bien soutenus et intelligemment appliqués par un serviteur zélé, actif, et en tout point d'excellente moralité.

RAPPORT

DE LA SOUS-SECTION DU JURY

Chargée de juger les animaux des espèces bovine, ovine, caprine, porcine et les animaux de basse-cour, par M. BONNEMAIN, Membre du Jury.

MONSIEUR LE MARÉCHAL,

MESSIEURS,

J'ai l'honneur de vous rendre compte des opérations de la sous-section, chargée de l'examen des espèces bovine, ovine, caprine, porcine, et des animaux de basse-cour.

IIIᵉ CLASSE. — ESPÈCE BOVINE

1ʳᵉ CATÉGORIE. — Race indigène.

Des deux catégories de l'espèce bovine, la première, *race indigène*, offrait quelques beaux taureaux, mais était d'une pauvreté regrettable en vaches, et surtout en génisses. Les étrangers, en la comparant à la riche exposition des races laitières, auraient pu croire que la race indigène est en infime minorité dans le pays qu'elle occupe cependant presque en entier. Nous, Algériens, nous nous demandions où étaient les reproducteurs des nombreux et magnifiques troupeaux de bœufs que l'on admire dans nos marchés; des vaillants et sobres attelages qui, aussitôt l'arrivée des pluies, couvriront le sol, qu'ils vont ouvrir, à une allure aussi rapide que les attelages de chevaux, dans la Brie ou la Beauce, et en fournissant des journées de douze heures de travail.

On peut dire du bœuf algérien ce que Jacques Bujault a dit du mulet : s'il n'existait pas, il faudrait l'inventer.

Comment, en effet, feraient les Indigènes qui ne récoltent pas de foin, et la majorité des colons qui en récoltent peu encore, si nos bœufs en exigeaient pour travailler, et même pour être livrés à la boucherie ? Comment feraient-ils pour terminer leurs semailles lorsque l'arrivée tardive des pluies restreint la saison des labours à quelques semaines seulement, si leurs bœufs, comme ceux d'Europe, allaient d'un pas tranquille et lent ?

Le bœuf algérien est encore très remarquable au point de vue de la qualité de la viande et de l'aptitude à l'engraissement. Il est de petite taille, c'est vrai, dans la province d'Alger, surtout ; mais une meilleure alimentation, des soins, une sélection intelligente, l'amélioreraient promptement sous ce rapport ; un taureau indigène, numéro 78, appartenant à M. Weyer, et mis hors concours parce qu'il a plus de quatre ans, est un beau spécimen du résultat qu'on peut obtenir.

Si nos bœufs peuvent travailler avec de la paille seulement pour nourriture, il n'est pas inutile de dire qu'il faut leur donner du foin. En introduisant cette amélioration, on obtient des résultats prodigieux. Vous avez tous pu admirer les attelages du sieur Villas, excellent colon de la Chiffa, qui étaient campés en dehors du champ de concours. Les quatre plus petits de ces bœufs ont été vendus 1,500 fr.

La plus petite commune, le plus mince douar de la province, aurait pu fournir un nombre de vaches et de génisses dignes de concourir, plus considérable que celui qui a été présenté : nous adjurons donc les propriétaires algériens, européens et indigènes, de relever, dans le prochain concours, leur excellente race indigène du dédain qu'ils semblent lui avoir témoigné dans celui-ci.

1re SECTION. — *Taureaux de 18 mois à 4 ans, nés chez l'exposant.*

Le premier prix a été accordé au numéro 82, noir, à M. Charlot, de Boufarik (Alger).

Le deuxième prix, au numéro 77, fauve clair, à M. Weyer, d'Ali-Gatham, commune de Mouzaïaville (Alger).

Le troisième prix, au numéro 83, rouge, à M. Kertz (Jacob), de Boufarik (Alger).

Ce taureau est un peu défectueux dans le derrière, mais l'avant-main est très-belle.

Une mention honorable a été accordée au numéro 72, gris-rouge, à M. Villas, de la Chiffa. Cet animal est certainement le plus parfait de forme de la section; mais il est d'une taille trop petite, même pour son jeune âge, pour qu'on ait pu le signaler par un prix comme reproducteur.

2e SECTION. — *Vaches.*

Le premier prix a été accordé au numéro 91, rouge pâle, à M. Fort, de Berbessa (Alger).

Le deuxième prix au numéro 102, rouge, à M. Betsch, de Boufarik (Alger).

Cette bête offre une qualité rare et précieuse dans les vaches indigènes; elle se laisse traire sans avoir son veau. L'expérience en a été faite devant nous.

Le troisième prix au numéro 95, rouge foncé, à M. Rabouël, de Dély-Brahim (Alger).

3e SECTION. — *Génisses de 18 mois à 3 ans, nées chez l'exposant.*

L'extrême pauvreté de cette section n'a permis de ne donner

que le deuxième prix à une bête qui, même, était loin d'être parfaite.

C'est au numéro 109, jaune pâle, à M. Kertz (Jacob,) de Boufarik (Alger).

Deux génisses, numéros 111 et 112, à MM. Retourna père et Retourna (Félicien), de l'Oued-el-Alleug (Alger), ont été mises hors concours comme bêtes croisées ne devant pas trouver place dans la catégorie spéciale à la race indigène. Une pareille exclusion avait déjà eu lieu pour la vache numéro 103, au même M. Retourna père.

Il est à désirer que MM. les exposants, à l'avenir, se pénétrent bien des conditions du programme, et ne présentent pas des animaux pour des catégories qui ne peuvent les admettre.

2° CATÉGORIE. — **Races de toutes provenances.**

Comme nous l'avons dit déjà, cette catégorie offrait une collection admirable. La province de Constantine y était représentée par MM. Foacier de Ruzé et Samson, de Chirat, près Constantine, qui ont expédié un taureau et deux vaches par la voie de mer et ont été obligés, pour cela, de les faire toucher à Marseille ; les navires de l'État qui font le service de la côte ne pouvant se charger de cette sorte de transport.

Ce tour de force n'étonne pas de la part des habiles et puissants agriculteurs qui ont su déjà présenter des bœufs gras aux concours de Poissy et y remporter des prix.

MM. Foacier de Ruzé et Samson avaient promis des collections dans plusieurs catégories et diverses classes ; mais la difficulté que nous venons de signaler pour le transport les a mis dans l'impossibilité de remplir leur engagement.

Pour cette deuxième catégorie, renfermant les animaux de race laitière, votre sous-section a dû considérer, plutôt que la beauté des formes, les caractères lactifères reconnus certains par la pratique. Dans l'appréciation de ces caractères, elle s'est surtout inspirée de la méthode Guénon, qui, quant aux principes généraux, est reconnue exacte par tous les praticiens.

1re Section. — *Taureaux de race laitière, de 18 mois à 4 ans.*

Le 1er prix a été donné au n° 116, race d'Ayr, bai-pie, à MM. Foacier de Ruzé et Samson, de Chirat (Constantine). Indépendamment de la beauté de ses formes, cet animal est très remarquable par son bel écusson de carrésine (méthode Guénon).

La race d'Ayr est très estimée en Angleterre pour ses qualités laitières, et elle occupe, parmi les races anglaises, la place que tient la race brétonne parmi les races françaises.

Le 2e prix au n° 120, de race piémontaise, brun-foncé, à M. Rabouël, de Dély-Ibrahim (Alger). Ce taureau est remarquable par ses belles formes et sa taille précoce.

Le 3e prix au n° 133, race croisée charolaise indigène, café au lait, à M. Choulet, de Joinville (Alger).

Cet animal laisse, sans doute, à désirer sous le rapport de ses formes, qui ne sont pas encore bien déterminées, car il est encore fort jeune, ayant encore toutes ses dents de lait; mais il est remarquable par les indices lactifères qu'il présente : bel écusson, peau fine, pelage tendre, fin et soyeux, écailles épidermiques fines et jaunes, veines sous-thoraciques-abdominales (vulgairement veines du lait) très développées.

MM. Fonclère, Mazet et Poucet, de la Réghaïa (Alger), avaient présenté de très beaux taureaux de race romaine; mais cette race, d'un mérite incontestable pour le travail, est défectueuse au point de vue de la production du lait, but du concours, dans la catégorie qui nous occupe.

M. Foyot, de Bourkika (Alger), avait également présenté un buffle que votre sous-section a eu le regret de ne pouvoir examiner, parce que le buffle est une espèce particulière non comprise dans le concours. D'ailleurs, l'espèce buffle, précieuse pour le travail, ne se fait pas remarquer par l'abondance et la qualité de son lait.

2ᵉ SECTION. — *Vaches laitières.*

Ici, la tâche de votre sous-section a été très difficile par suite du grand nombre des bêtes de mérite présentées. Elle a regretté de ne pas avoir plus de médailles à accorder, et a cru devoir augmenter le nombre des distinctions par des mentions honorables.

Le 1ᵉʳ prix a été accordé au nᵒ 141, race croisée suisse-mahonnaise, blonde, à M. Choulet, de Joinville (Alger).

Cette bête magnifique réunit la beauté des formes à l'excellence des caractères lactifères.

Le 2ᵉ prix au nᵒ 162, race piémontaise, rouge-clair, à M. Letheulle, de Hussein-Dey (Alger).

Le 3ᵉ prix au numéro 175, race de l'Ariège, châtain-clair, à M. Faur-Méras, de Castiglione (Alger).

La 1ʳᵉ mention honorable au nᵒ 146, race piémontaise, blonde à M. Rabouël, de Dély-Ibrahim (Alger).

La 2ᵉ mention honorable au nᵒ 160, race croisée bretonne-piémontaise, à M. Letheulle, de Hussein-Dey (Alger).

De plus, elle propose d'accorder à M. Faur-Méras, de Castiglione (Alger), une mention très honorable et spéciale, pour sa belle collection de neuf vaches et six magnifiques veaux à la suite, toutes bêtes de la race de l'Ariège.

MM. Foacier de Ruzé et Samson ont envoyé de Constantine deux vaches, le nᵒ 148, race mancelle, couleur bronzée, bête admirable de conformation au point de vue de la boucherie, mais dont les indices de qualités laitières sont médiocrement prononcés, et le nᵒ 149, suisse, brun-foncé, taché de blanc.

Au sujet de ces animaux, votre sous-section exprime le regret de ne pouvoir récompenser les efforts de MM. Foacier de Ruzé et Samson à répondre à l'appel de l'Administration. Elle pense qu'il serait peut-être dangereux de provoquer, par des distinctions la multiplication, par les femelles, de races originaires de pays si différents de l'Algérie au point de vue du climat et de la production fourragère; d'autant plus que, jusqu'à présent, les essais ainsi tentés sur des races suisses ont été peu satisfaisants sous le climat algérien.

IVᵉ CLASSE. — **ESPÈCE OVINE**.

1ᵉ CATÉGORIE. — **Race mérinos pure.**

1ʳᵉ SECTION. — *Béliers de 2 ans au moins, nés chez l'exposant.*

Cette race est encore peu répandue, et il a été présenté un petit nombre de béliers.

Le 1ᵉʳ prix a été donné au nº 181, à MM. Foacier de Ruzé et Samson, de Chirat (Constantine).

C'est un animal qui réunit du poids et de belles formes à la finesse, au tassé et à la longueur de la laine.

Le 2ᵐᵉ prix au nº 185, à M. Pelletier, de Béni-Méred (Alger).

Une mention honorable a été accordée au nº 183, à M. Chanteperdrix (Toussaint) d'Ouled-Fayet (Alger), pour sa finesse, sa rusticité et sa bonne conformation, malgré la médiocrité de sa taille.

M. Bonnemain, membre du jury, dans notre sous-section, avait exposé deux béliers, nᵒˢ 186 et 187, qu'il appelle *mérinos rustiques.* Ils ont nécessairement été mis hors concours. Néanmoins, comme ces animaux offraient des caractères particuliers et remarquables, nous avons cru devoir les examiner, mais sans la participation de leur propriétaire.

La souche du troupeau de M. Bonnemain a été importée du royaume de Valence, il y a six ans, par M. Delfraissy, de la Chiffa, de qui M. Bonnemain l'a acheté.

Les animaux présentés ont une laine fine, assez longue, très nerveuse, mais moins tassée que celle des mérinos déjà primés. Ils se font surtout remarquer par une conformation qui dénote de grandes qualités pour la boucherie. De même que l'excellente race Southdown, avec laquelle ils ont de l'analogie; ils sont privés de cornes; ils ont également la tête et les extrémités fauves, ce qui est un caractère de rusticité.

La race mérinos rustique de M. Bonnemain, qui est parfaitement acclimatée, nous paraît bonne pour ce pays-ci, et mérite d'être multipliée.

La bergerie modèle de Ben-Chicao (Alger) a exposé, hors concours, cinq béliers, numéros 188 à 192 inclus, mérinos de la Crau. Ces animaux, nés et élevés à Ben-Chicao, sont d'une finesse très grande, supérieure à celle des béliers privés; mais ils sont d'une petite taille, et portent des marques évidentes d'une grande fatigue, résultat d'une lutte prolongée.

2e section. — *Brebis par lots de 20.*

Les brebis mérinos n'étaient représentées que par la bergerie de Ben-Chicao, exposant hors concours comme établissement de l'État.

Cela se comprend. Notre agriculture, née d'hier, n'est pas encore assez avancée pour entretenir avantageusement des troupeaux de mérinos purs. Des croisements de bons béliers avec les béliers du pays, améliorant la toison tout en conservant la rusticité et l'aptitude à l'engraissement, sont déjà un grand progrès pour la période agricole actuelle.

Les brebis de Ben-Chicao, de race pure, n° 194, sont très remarquables par leur finesse, correspondant à celle des béliers et par leur belle conformation. Elles sont en très bon état.

Ces brebis, nées et élevées à Ben-Chicao, témoignent que la race mérinos de la Crau est complètement acclimatée en Algérie.

2ᵉ CATÉGORIE. — **Race indigène.**

Pour cette catégorie, votre sous-section a éprouvé le même sentiment que pour la race bovine indigène, le regret qu'elle ne fût pas suffisamment représentée, surtout en béliers indigènes. Quand on a vu les immenses troupeaux qui couvrent le pays et encombrent les routes, pendant la saison des expéditions pour l'Europe, cette pénurie ne s'explique que par une indifférence qu'il faut espérer ne pas remarquer à un autre concours.

Néanmoins, les efforts de quelques propriétaires indigènes de la province de Constantine méritent les plus grands éloges. Du cercle de Bouçaâda, des confins du Désert, ils ont amené des lots de brebis dont la rusticité leur a permis de supporter ce long voyage, de manière à remporter un prix en concurrence avec des animaux venus seulement des environs d'Alger.

Il aurait été très à désirer que les producteurs des subdivisions d'Aumale, de Médéah et de Milianah eussent été animés du même zèle ; que les races que l'on trouve dans les Aribs, aux marchés de Boghar, celles du Sersour, remarquables par leur taille et leur précocité, eussent été représentées. Celles des environs de Tiaret l'étaient seulement par un Européen, M. Paulin de la Rassauta.

1ʳᵉ Section. — *Béliers indigènes de 2 ans au moins.*

Le 1ᵉʳ prix a été décerné au n° 202, à M. Paulin, de la Rassauta (département d'Alger), race des environs de Tiaret.

Le 2ᵉ prix au n° 201, à M. Chanteperdrix, d'Ouled-Fayet (Alger).

Une mention honorable au n° 195, à M. Miraval, de Mouzaïaville (Alger).

2ᵉ Section. — *Brebis par lots de 20.*

Le 1ᵉʳ prix a été accordé au n° 213, M. Paulin, de la Rassauta (Alger), race de environs de Tiaret.

Le 2ᵉ prix au n° 214, à M. Pelletier, de Beni-Méred (Alger).

Le lot n° 211, à M. Ahmed-ben-Dhif, de Bouçaâda (Constantine), suivait de très près le lot n° 214. Prenant en considération qu'il a fait près de cent lieues pour se présenter en lice, votre sous-section propose de prier S. Exc. le Maréchal Gouverneur Général de lui accorder un second 2ᵉ prix.

Elle a accordé une mention honorable au lot n° 212, à Si Lakhdar-bel-Amri, du cercle de Bouçaâda (Constantine).

3ᵉ CATEGORIE.

SECTION UNIQUE. — *Métis croisés.*

Brebis par lots de 20, nées chez l'exposant.

Les croisements des béliers mérinos avec les brebis indigènes ont cela de très avantageux que, dès le premier croisement, sans changer l'appropriation de la mère pour le sol et le climat, on double le poids de la toison et on augmente d'un tiers le prix du kilogramme de laine. Ce sont là les proportions constatées par un membre de votre sous-commission qui a eu l'occasion d'examiner, à la tonte dernière, les dépouilles des troupeaux de Ben-Chicao, et de M. Pelletier, de Beni-Méred.

Les croisements mérinos doivent donc être encouragés ; et, à ce point de vue, il est à désirer que l'établissement de Ben-Chicao soit monté de manière à répandre dans le pays le plus grand nombre possible de reproducteurs purs, maintenant que l'acclimatation de la race précieuse sur laquelle il a opéré est un fait acquis.

Le premier prix a été accordé au lot numéro 225, à M. Pelletier de Beni-Méred (Alger).

Le deuxième prix au lot numéro 222, à M. Martinot, de Boufarik (Alger).

Les Indigènes de la subdivision de Médéah avaient exposé un lot collectif, numéros 228 à 231 inclus, très bon de finesse, mais

laissant trop à désirer sous le rapport du bon entretien des bêtes. Cet état, d'ailleurs, est le résultat de la pénurie des pâturages
produite par la longue sécheresse qui a maltraité cette subdivision, où il n'a presque pas plu depuis deux ans.

Ben-Chicao avait exposé, hors concours, un très beau lot de
métis, numéro 235, qui se faisait remarquer par les qualités
qui distinguent les croisements mérinos et que nous avons énu-
mérées plus haut. Une mention très honorable a été décernée à
cet établissement pour sa belle collection de bêtes ovines.

Nous ne quitterons pas cette classe sans adresser de sincères
remerciments à M. le général Yusuf, commandant la division
d'Alger, pour son bienveillant empressement à faire exposer,
hors concours et seulement dans l'intérêt du pays, les différents
lots de bêtes ovines de Ben-Chicao que nous avons signalés.
Cet établissement, destiné surtout à l'amélioration des troupeaux indigènes, est placé sous son administration et l'objet de
sa haute sollicitude.

Nous ajouterons que les résultats obtenus à Ben-Chicao font
le plus grand honneur à M. Durand, son habile et zélé directeur.

V° CLASSE. — ESPÈCE CAPRINE.

CATÉGORIE UNIQUE. — Race chèvre angora, métis croisés.

SECTION UNIQUE. — *Chèvres par lots de 10 et un bouc, nés chez l'exposant.*

Sans préjuger le rôle que peut jouer la dépouille longue,
épaisse, fine et soyeuse de la chèvre angora dans nos industries
européennes, il faut admettre comme certain qu'elle est appelée à rendre de grands services aux Indigènes; car ils ton-

dent toutes leurs chèvres et en utilisent le poil à différents tissus et objets d'économie domestique.

D'un autre coté, l'épais vêtement de la chèvre angora lui permet de résister, plus facilement que la chèvre indigène, aux hivers, relativement rigoureux, des parties montueuses de l'Algérie, où l'on élève particulièrement la race caprine.

Deux lots seulement étaient exposés au concours, et les deux prix leur ont été attribués.

Le premier, au lot numéro 237, à M. Mercurin, de Chéragas (Alger).

Le deuxième, au lot numéro 236, à M. Lecat, de la même localité.

Ben-Chicao avait encore exposé, hors concours, un beau lot de bêtes pures, numéro 238, très supérieur aux deux autres.

VIᵉ CLASSE. — **Espèce porcine.**

1ʳᵉ SECTION. — *Verrats nés chez l'exposant.*

Cette espèce se distingue des autres espèces domestiques en ce qu'elle ne donne qu'un genre d'utilité, la production de la viande. L'agriculteur doit donc rechercher les races qui donnent cette utilité le plus avantageusement possible. Or, l'expérience a prononcé depuis longtemps à ce sujet; les races anglaises ou leurs dérivées ont été reconnues les meilleures. Elles sont plus précoces, engraissent plus facilement et offrent une plus grande proportion de viande pour un poids brut donné. Quant à leur acclimatation, elle ne peut être mise en question, comme le prouvent d'ailleurs les animaux exposés. Ce sont ces considérations qui ont déterminé votre sous-section.

Le prix unique a été décerné au numéro 242, magnifique verrat de race anglaise, à M. Pasquier, de la Rassauta (Alger).

2ᵉ SECTION. — *Truies suitées, nées chez l'exposant.*

Prix unique, au numéro 247, truie de race anglaise, suivie de trois petits, au même propriétaire.

VIIe CLASSE.— ANIMAUX DE BASSE-COUR.

Les animaux de basse-cour remplissent une fonction importante dans l'économie rurale. En certaines parties de la France, ils donnent lieu à un commerce étendu et forment un des produits notables du fermier. En Algérie, leur utilité est plus grande encore : dans les nombreuses fermes et habitations isolées, où il est si difficile de se procurer de la viande de boucherie, ils forment une ressource précieuse pour l'alimentation du colon.

Aussi, votre sous-section a-t-elle vivement regretté la pauvreté de cette partie de l'exposition, pauvreté telle, en quantité et en qualité, qu'elle n'a pu décerner qu'une faible portion des récompenses mises à la disposition du Jury.

Une médaille de bronze et 25 fr. ont été accordés à Mme Baurens, du Fondouk (Alger), pour une couple de dindons; lot numéro 254.

Une médaille de bronze et 50 fr. à M. Lasserre, de Baba-Hassen (Alger), pour sa collection d'oies, canards d'Inde, chapons et canards communs, numéros 269 à 272 inclus.

Une médaille de bronze et 50 fr. à M. Mauge, de la Rassauta (Alger), pour sa collection de pintades et de coqs et poules, race cochinchinoise-espagnole, numéros 273 et 274.

RAPPORT

DE LA 1re SOUS-SECTION DE LA 2e SECTION

M. *HARDY*, *Ingénieur des Ponts-et-Chaussées, Membre*
du Jury.

Instruments d'extérieur de ferme.

Sur 282 objets, 65 pour l'Algérie et 217 pour l'étranger, portés au catalogue au titre des machines et instruments agricoles pour travaux extérieurs, 172 seulement, 41 pour l'Algérie et 131 pour l'étranger, ont été exposés et soumis à l'examen du jury. Dans ce nombre, les charrues et leurs dérivés tiennent la plus grande place, comme aussi leur appartient la part la plus importante dans les travaux agricoles extérieurs.

L'instrument le plus intéressant de ce genre est, sans contredit, la charrue Cougoureux, exposée par M. Peltier. Ce qui la différencie de celles employées jusqu'à ce jour, c'est que la partié postérieure du versoir est remplacée par un disque tournant autour d'un axe et sur un galet, de sorte que sur la partie du versoir supprimée, la résistance au frottement est remplacée par une résistance au roulement qui est, comme on le sait, beaucoup moins grande.

Théoriquemement, la charrue Cougoureux devrait donc exiger moins de force qu'une autre ; la comparaison qui a pu en être faite au concours de la ferme Gimbert n'a pas fait ressortir cette différence d'une manière bien appréciable. Toutefois, de toutes celles qui ont fonctionné, c'est elle qui a fouillé le sol le

plus profondément. Son entrure a été moyennement de 0 m
25 c., tandis que celle des autres atteignait à peine 0 m. 22 c.

La charrue essayée n'avait pas une fixité parfaite, sans doute
parce que le train était trop près du soc, ce qui lui communiquait tous les soubresauts occasionnés par le passage des roues
sur les mottes. Le bec du soc a paru trop camard et serait
avantageusement remplacé par une pointe en acier. Enfin, l'in-
troduction dans la charrue d'un organe aussi délicat qu'un disque tournant sur un pivot et roulant sur un galet, ôte à l'instrument le caractère de rusticité et de solidité que toute bonne
charrue doit avoir.

Il y a, néanmoins, dans la charrue Cougoureux, une idée tout
à fait neuve qui, appliquée à un instrument plus parfait, peut être
féconde en bons résultats, c'est ce qui a décidé le jury à accorder à M. Peltier, son constructeur et son importateur en Algérie, le premier prix des charrues.

Les expositions du genre de celles qui viennent d'être inau-
gurées en Algérie ont deux buts : encourager par des récompenses les individus méritants, signaler au public les bons instruments. Il est incontestable que les fabricants de l'Algérie,
ont plus de mérite à exposer un instrument qui sort de leurs
mains, n'eût-il pas toute la perfection désirable, que les propriétaires ou négociants qui font venir des instruments de l'é-
tranger. Il est incontestable aussi que les matières premières
de construction n'étant pas plus chères en Algérie, que partout
ailleurs, il y a commodité et économie pour l'agriculture, à ce
que les instruments qu'elle emploie soient construits dans le pays
même. Ces considérations ont déterminé le jury à attribuer les
trois prix afférents à l'Algérie aux constructeurs algériens, par
préférence aux importateurs.

Les charrues primées de MM. François, de Beni-Mered, Aldiguier, de Boufarick, et Bannerot, d'Oran, ont fait leurs preuves de bon fonctionnement au concours de la Maison-Carrée; il
est certain, néanmoins, que sous le rapport du fini de l'exécu-

tion et de l'harmonie des formes, elles sont bien inférieures aux charrues construites en France ; le jury a constaté avec regret, que leur prix, comparativement à ces dernières, est cependant beaucoup plus élevé, et il pense qu'il serait de l'intérêt bien entendu des fabricants, de le réduire, afin d'en généraliser l'usage, en ne faisant pas payer trop cher aux colons l'avantage de pouvoir se procurer une charrue dans leur voisinage.

Les bons instruments de labourage construits hors l'Algérie, sont signalés aux cultivateurs par les prix et les médailles accordés à MM. Meugnot, pour une charrue du système Howard; Ganneron et Arnould, pour une charrue dite Brabant ; Herpin et Bruel, pour des charrues du système Dombasle.

Les charrues sous-sol ont été, jusqu'à ce jour, d'un usage peu répandu en Algérie, et on admet généralement que, pour le défrichement des terres couvertes de palmiers nains, rien ne peut remplacer le travail intelligent des bras de l'homme. M. Bruel a présenté une charrue sous-sol d'une grande puissance, qui pourrait être employée avantageusement pour les défoncements et les défrichements de terrains. Menée par douze bœufs tirant à plein joug, elle a ouvert au concours de la Maison-Carrée un sillon de 33 centimètres de profondeur dans un terrain d'une ténacité exceptionnelle; cette charrue a valu le prix à son constructeur.

Un instrument, également bon pour les défonçages et d'un maniement beaucoup plus commode, est la charrue double de M. Gombert, qui, sans grand effort, peut défoncer jusqu'à 30 centimètres de profondeur en revenant dans le même sillon qu'elle a ouvert une première fois. M. Gombert a obtenu une médaille pour cette charrue.

Les essais comparatifs des herses, faits à la Maison-Carrée, ont démontré la supériorité de la herse Howard, qui, au moyen des articulations dont elle est pourvue, épouse parfaitement la forme du terrain et ne laisse pas un point qui n'ait été touché par les dents. Après elle, vient la herse Valcourt.

Pour le premier système de herse, MM. de Ruzé et Peltier ont obtenu chacun un premier prix; MM. Herpin et Bruel, qui ont exposé des herses du second système, ont obtenu les seconds prix.

Les moissonneuses et faucheuses sont représentées principalement par des machines de Wood et du docteur Mazier. La supériorité des premières sur les secondes étant établie, le jury a accordé les premiers prix aux constructeurs ou importateurs du premier système, et les seconds et troisièmes aux constructeurs et importateurs du second.

La moissonneuse de M. Peltier, avec tablier courbe ramenant l'endain sur la piste de la machine et laissant, par conséquent, la place libre pour le passage suivant, a surtout fixé l'attention du jury, et il en recommande tout particulièrement l'usage.

M. Lotz s'est fait, depuis longtemps, un nom dans la fabrication des machines agricoles, et ce qui vient de lui est ordinairement bon. Le jury n'a cru devoir, néanmoins, que lui attribuer le troisième prix, parce que la moissonneuse qu'il a exposée est d'un système nouveau dont le bon fonctionnement n'a pu être prouvé dans cette saison par des expériences directes.

En fait de rouleaux, c'est toujours celui de M. Croskill qui doit être préféré. M. Peltier en a exposé un avec nervures aux dents et aux bras des raies qui augmentent beaucoup sa solidité. Le prix lui a été attribué pour ce rouleau.

M. Ganneron a présenté deux semoirs : l'un à la volée, catalogué sous le n° 291 ; l'autre fixe, non porté au catalogue, parce qu'il avait été présenté tardivement.

Le semoir à la volée ne produit, ni plus de régularité dans la distribution du grain que la main de l'homme, ni plus de rapidité dans l'exécution ; ce n'est donc pas un instrument à recommander. Le semoir fixe, au contraire, présente des avantages incontestables au point de vue de l'économie et de l'égale répartition des grains ; c'est donc ce dernier que le jury a entendu récompenser, en accordant le prix des semoirs à M. Ganneron, bien que ce constructeur n'en ait qu'un porté à son nom au catalogue, intitulé semoir à la volée.

M. Massardier, d'Oran, a exposé un semoir portant deux socs qui préparent le sillon pour recevoir le grain. L'instrument est ingénieux, mais sa complication fait craindre qu'il ne soit sujet à se déranger fréquemment. Dans le but d'encourager la fabrication locale, le prix afférent à l'Algérie lui a été accordé.

Les prix pour houe à cheval, butteurs, machines à faner et râteau à cheval, ont été accordés à MM. Herpin, Bannerot, Peltier et Ganneron. Ces instruments sont de bonne construction et bien appropriés au but qu'ils doivent remplir.

Une médaille d'argent a été accordée à M. Choulet, de Joinville, pour un bineur à cheval qui lui rend de bons services pour la culture de la vigne. Cet instrument est simple, bon marché, et d'une manœuvre facile.

Les prix, pour harnais propres aux usages agricoles et collection d'instruments à main, ont été accordés à MM. Jouffrain, d'El-Achour, Peltier et Sagau ; des médailles de bronze ont été décernées à MM. Clauzel et Crest, pour leur collection d'instruments à main.

Le jury recommande aux colons le système d'attelage du baron Augier, exposé par M. Peltier.

La seule machine à élever l'eau qui puisse lutter avec avantage avec la noria, pour l'irrigation des terres, est la pompe à manége exposée par M. Peltier, sous le n° 411. Il est présumable, néanmoins, qu'à cause de la complication des engrenages et des frottements des pistons dans le corps des pompes, le rapport de l'effet obtenu au travail dépensé est moindre que dans la noria ordinaire.

Le premier prix pour les exposants hors de l'Algérie a été accordé à M. Peltier, pour cette machine, et le second à M. Eldin pour sa pompe à purin. Cette pompe, indispensable dans une ferme bien tenue, fonctionne bien et est d'un prix très modique ; son système de montage sur un trépied se recommande par sa simplicité; il pourrait être appliqué à tout autre genre de pompes.

La pompe numéro 91, exposée par M. Perrin, ne diffère des pompes Letestu que par le piston qui doit s'user davantage dans les eaux troubles, n'ayant pas, comme chez celui des pompes Letestu, la possibilité de fléchir lorsque quelque gravier veut s'interposer entre lui et le corps de pompe. Pour que cette pompe pût servir aux irrigations, il faudrait qu'elle fût commandée par un manége, car à bras d'homme sa manœuvre, pour une profondeur un peu grande, reviendrait à un trop haut prix. Elle peut rendre de bons services pour les épuisements qu'entraîne le fonçage des puits et norias en contre-bas de nappes d'eau abondantes, C'est surtout à ce dernier point de vue qu'un prix a été accordé à M. Perrin, pour cette pompe.

Pour bien juger les grandes machines à élever l'eau, il eut fallu pouvoir comparer, pour chacune d'elles, le travail appliqué à l'effet obtenu. MM. les exposants ont été invités à soumettre leurs appareils à cette épreuve, mais ils n'ont pas pu trouver dans les environs de puits convenablement disposé pour les y monter. Le jury n'a donc pu s'aider du meilleur élément de décision qui est toujours l'expérience, et force lui a été de s'en rapporter aux apparences ; sous ce rapport, la pompe exposé par M. Métivier, sous le numéro 367, ne lui a pas paru mériter une récompense à cause de sa grande complication qui doit l'exposer à des dérangements fréquents et difficiles à réparer.

Les ruches les plus remarquables de l'Exposition sont celles de M. Bœnsch et Nienaltowski : la ruche de M. Bœnsch est très ingénieuse et il en tire un très bon parti pour la production du miel et de la cire ; elle se compose de quatre compartiments qui peuvent, à volonté et après que le côté vide a été fermé par une plaque en zinc, former autant de ruches isolées ou essaims artificiels. A l'aide du fumoir, on chasse de la ruche isolée dont on veut recueillir le miel, les abeilles qui s'en vont dans les trois autres, et on peut ainsi récolter le miel sans gêner les abeilles ni sans être gêné par elles.

La ruche de M. Nienaltowski repose sur le même principe que celle de M. Bœnsch, seulement elle n'a que deux ruches élémentaires et ne peut servir à former des essaims artificiels aussi divisés.

Le premier prix des ruches, pour l'Algérie, a été accordé à M. Bœnsch, et le second à M. Nienaltowski. MM. Charles et Menc, exposants hors l'Algérie, ont été aussi récompensés, mais leurs ruches ne présentent pas les mêmes perfectionnements que celles dont il vient d'être parlé.

MM. Bressy frères, carrossiers, et Ourouelle, sellier à Alger, ont exposé, le premier deux voitures, et le second deux selles. La bonne exécution de ces ouvrages témoigne de l'habileté des ouvriers qu'ils emploient et font espérer que bientôt l'art de la carrosserie et de la sellerie s'élèvera au même niveau que dans les principales villes de France.

Il y a progrès et bons résultats obtenus, que le Jury a cru devoir récompenser par des mentions honorables, bien que les objets exposés soient, par leur nature, tout-à-fait en dehors des prévisions du programme.

Bien qu'en raison des grandes distances et de la difficulté des transports, de nombreuses abstentions soient à regretter, l'exposition des machines aura été d'un bon effet. Elle a montré aux cultivateurs des instruments utiles dont ils ont pu faire l'acquisition, et aux constructeurs de l'Algérie de bons modèles à suivre. Qu'ils cherchent surtout à imiter les constructeurs étrangers dans la modération de leur prix, et ils auront rendu un aussi bon service à la colonie qu'à eux-mêmes. C'est aux exposants de la métropole que revient la plus grande part dans le résultat : aussi le Jury ne peut-il trop les remercier de l'empressement qu'ils ont mis à se rendre à l'appel de S. Exc. le Gouverneur Général de l'Algérie. Il regrette vivement de n'avoir pas eu plus de récompenses à sa disposition pour reconnaître les sacrifices qu'ils ont faits pour exposer des collections d'instruments aussi complètes et aussi intéressantes.

RAPPORT

DE LA 2ᵉ SOUS-SECTION DE LA 2ᵉ SECTION

M. Arthur ARNOULD, Membre du Jury.

Instruments d'intérieur de ferme.

MONSIEUR LE MARÉCHAL,

MESSIEURS,

La Commission chargée de juger les instruments de l'intérieur de la ferme a été heureuse d'avoir à constater un concours aussi varié que remarquable.

L'application de la vapeur aux travaux de l'agriculture, étant appelée à rendre d'éminents services dans les grandes exploitations de l'Algérie, notre attention a été attirée tout d'abord sur les machines à vapeur qui, exigeant l'adjonction des instruments perfectionnés, entraînent forcément le progrès avec elle.

Aussi, la Commission a-t-elle donné une médaille d'or à une bonne *locomobile à vapeur du système Rouffet*, exposée par M. Weyer, et récemment introduite dans son exploitation.

Les excellentes locomobiles de M. Calla et celle de M. Passedoit, joignent à une construction très soignée l'avantage d'une grande économie de combustible; deux d'entr'elles ont été achetées par des agriculteurs de l'Algérie. Une médaille d'or a été donnée à M. Calla; une mention très-honorable à M. Passedoit, arrivé trop tard pour concourir.

Une innovation importante a été présentée par M. Peltier; je veux parler de la *transmission à longues distances*, qui, recevant le mouvement de la locomobile de M. Weyer, le communiquait par un câble métallique à une batteuse et à un tarare placés à une distance de 150 mètres. Grâce à ce genre de transmission qui a été établi en France, pour la première fois, dans la ferme de M. d'Epresménil, la puissance d'un moteur soit à vapeur, soit hydraulique peut être reproduite même à une distance de 1,500 mètres, sans que la déperdition de force soit relativement considérable.

Les *machines à battre* sont très-nombreuses à l'exposition; toutes sont mobiles et facilement transportables; elles peuvent donc être achetées par des associations de cultivateurs qui créent ainsi entr'eux la solidarité du progrès.

La *loco-batteuse* de MM. Massenet, Nassivet et Cie, dont le foyer peut recevoir du bois ou du charbon, est accompagnée d'un secoue-paille et d'un bon débourreur; elle est solidement et simplement construite, et, ayant fonctionné d'une manière très remarquable devant le Jury, elle a obtenu la médaille d'or. Deux autres loco-batteuses à vapeur ont été présentées, l'une par M. Passedoit, arrivée trop tardivement pour pouvoir être classée; l'autre par M. Lotz fils aîné; cette dernière, déjà connue de nos cultivateurs, a de bonnes qualités, et la Commission a regretté de ne pouvoir, à défaut d'autre récompense, lui donner qu'une mention très-honorable.

M. Mauge a obtenu la médaille d'or réservée aux exposants algériens, pour la batteuse *Cumming* à manége, ne brisant pas la paille et nettoyant le grain, de manière à le rendre propre à être conduit au marché.

La batteuse américaine, du système *Pitts*, présentée par M. Ganneron, marche à la vapeur et rend le grain nettoyé; battant *en bout*, elle laisse la paille brisée. Malgré la vitesse avec laquelle cette machine dévore, en quelque sorte, les gerbes, nous la croyons un peu compliquée pour nos exploitations algériennes, où l'on préfère des batteuses plus simples, ne vannant ni né criblant, exigeant moins de force et pouvant être plus facilement réparées.

Au nombre de celles-ci, nous devons citer les machines de M. Pinet et de M. Creuzé des Roches, à manége séparé et celle de M. Lotz fils aîné, à manége direct. Cette dernière, déjà répandue en Algérie, se présente au concours dans des conditions de solidité nécessaires pour un instrument destiné à subir en plein air les transitions des brûlantes journées de juin avec les nuits chargées de rosée. Les batteuses de M. J. Pinet fils, dont la réputation n'est plus à faire en France, ont bien fonctionné avec l'excellent manége de son invention. Celles de M. Creuzé des Roches sont mues par un manége qu'il a ingénieusement disposé d'après les lois de la dynamique; nous avons remarqué dans l'exposition de ce vieil agriculteur, comme il aime à s'intituler lui-même, la machine *à fonctions multiples* qui, de batteuse de céréales, peut être transformée en égreneuse de chanvre, de lin, de trèfle ou de luzerne, et même en broyeuse de paille ou de sorgho pour la nourriture des animaux. En présence de ces trois remarquables expositions, la Commission n'a pu se décider à donner la préférence à l'un des concurrents, et elle a dû décerner une médaille d'argent à chacun d'eux ; elle a regretté de n'avoir pas à sa disposition de plus hautes récompenses : mais elle se fait un devoir de rappeler aux cultivateurs les médailles d'honneur et d'or que ces fabricants ont obtenues en France.

Pour les blés, au sortir de la machine à battre, deux bons *tarares*, qui ont été établis en Algérie et qui sont munis de puissants ventilateurs, ont été primés : celui de M. Tamé de Beni-Méred, dont le grillage inférieur a un mouvement de secouage, a obtenu une médaille d'argent ; celui de M. Weyer, une mention honorable. Le tarare épailleur de M. Pinet doit également être honorablement mentionné. Parmi les tarares propres aux exploitations de moindre importance, nous devons signaler en première ligne celui de M. Presson, qui donne deux qualités de blé et auquel une médaille d'argent a été attribuée ; puis ceux de M. Vermorel (mention honorable) ; celui de M. Herpin (importation en Algérie du système Dombasle), et ceux de M. Peltier et de M. Ganneron.

Nous avons à regretter qu'un tarare exposé par M. Bourlier, et qui a le grand mérite de ne coûter que 45 fr., n'ait pu concourir faute de déclaration.

Le *crible-trieur* de M. Presson (systèmes Marot et Vachon combinés) sépare parfaitement du blé, soit la poussière et les menus grains, soit d'une part l'orge et l'avoine et d'autre part les graines rondes ; il a obtenu la médaille d'argent.

Une médaille de bronze a été donnée, pour un trieur Vachon, à M. Mauge, qui est le seul, parmi les agriculteurs de l'Algérie, qui ait exposé une collection d'instruments.

Le trieur Pernollet, présenté à la fois par M. Ganneron et M. Peltier, est moins parfait que le trieur Presson, mais il est d'un prix moins élevé et peut encore faire de bon blé de semence.

Pour terminer la liste des récompenses qui étaient énoncées au programme, je dois mentionner la médaille de bronze accordée à M. Crest pour une *collection d'outils à main* propres aux travaux d'intérieur.

Mais en dehors de la prévision du programme, bien des exposants sont venus en quelque sorte nous surprendre, et nous avons dû demander de nouvelles récompenses, afin de leur prouver qu'ils étaient les bienvenus sur ce champ de concours.

J'ai déjà, Messieurs, prononcé plusieurs fois les noms de M. Peltier et de M. Ganneron ; tous deux ont exposé une collection d'instruments très remarquable et notre Commission a accordé à chacun d'eux une médaille d'or, médaille d'honneur en quelque sorte pour une exhibition d'une véritable importance.

6

En outre des instruments dont j'ai déjà parlé, M. Peltier a mis sous les yeux des agriculteurs :

Un *hache-paille* à embrayage, dont les cylindres alimentaires sont très-bien disposés et qui peut couper à des longueurs différentes ;

Un *coupe-racine* à disque garni de lames dentées ;

Une collection d'*outils de drainage* ;

Un *broyeur de tourteaux* ;

Et divers instruments et engins utiles, parmi lesquels nous devons citer un *outillage à courroies*, supprimant les boucles qui causent fréquemment des soubresauts et des temps d'arrêt.

Dans la collection de M. Ganneron, outre la batteuse américaine, le tarare et le trieur que j'ai mentionnés plus haut, nous devons signaler :

Deux *moulins portatifs*, du système Bouchon, dont l'un est à manége direct ;

Un *concasseur* pour graines diverses ;

Divers *outils de drainage* ;

Et surtout un bon *égrenoir à maïs*, qui peut être ici d'une réelle utilité.

Au moment où la culture du coton commence à prendre en Algérie une extension qui, nous l'espérons, ne s'arrêtera pas, la Commission a vu avec plaisir un constructeur algérien, M. Monteil, de Blidah, présenter une machine à *égrener le coton*. Au sortir des rouleaux en bois qui sont mûs par des pédales, le coton est dans de bonnes conditions, et bien que quelques graines soient encore écrasées, cet instrument, pour lequel une médaille d'argent a été accordée à M. Monteil, peut déjà être considéré comme très pratique.

La Commission a constaté avec une réelle satisfaction que la construction des machines agricoles tend à devenir plus importante en Algérie ; parmi les constructeurs algériens, M. Jouffrain, d'El-Achour, a obtenu une médaille d'argent pour un *pressoir portatif* et un *égrenoir à raisin*, et M. Varennes, d'Alger, une médaille de bronze pour une bascule à peser le bétail.

C'est avec un grand intérêt que l'on a vu fonctionner la *broyeuse* et les *teilleuses de lin* de M. Maillard, à qui une médaille d'argent a été décernée. Nous devons dire que l'importation de ces machines est due à M. Bourlier, qui, connaissant le succès des essais faits depuis longtemps en Algérie pour la culture du lin, a pris l'initiative de la formation entre cultivateurs d'une société en participation qui a pour but de faciliter la vente des produits. Le lin pousse naturellement sur le sol algérien ; sa culture, soit pour la graine, soit pour la filasse, doit contribuer à créer ici l'agriculture rationnelle en aidant à l'assolement et à l'alternat des récoltes.

Le succès des forages pour les puits artésiens a attiré l'attention sur l'utilité des *sondes agricoles* ; notre Commission avait à juger l'exposition de MM. Dégoussé et Laurent : une mention très-honorable, à défaut d'une récompense plus élevée que nous aurions demandée s'ils étaient arrivés à temps pour concourir, a été donnée à ces exposants, tant pour la sonde Palissy, avec laquelle l'agriculteur pourra connaître le sous-sol de la terre qu'il exploite, que pour les sondes destinées aux forages de 10 à 60 mètres ; ces dernières permettront au propriétaire de chercher l'eau pour un puits ou une noria, et parfois même de la faire jaillir à la surface, source de richesse incalculable sous notre soleil d'Afrique.

Là, où les eaux naturelles seront chargées de débris organiques ou autres, nous conseillerons l'emploi du *filtre* de M. Nadault de Buffon, exposé par M. Madinier, et auquel aucune récompense n'a pu être accordée à cause d'une tardive installation ; un syphon ou une pompe, pour établir un débit continu ou pour élever l'eau clarifiée, peut s'adapter à ce filtre, qui est composé de deux cylindres inoxydables, percés de trous et garnis d'un feutre incorruptible.

Nous recommandons aussi, pour les exploitations isolées, les *forges portatives* de MM. Enfer et fils, qui ont reçu une mention très-honorable.

L'exploitation des bois sera facilitée, en Algérie, par les instruments qui transforment, sur place, les arbres en pièces plus faciles à transporter. La Commission a accordé une médaille de bronze à M. Pinet pour sa *scierie agricole*, et une mention très-honorable à M. Frey fils, dont la puissante *scie locomobile*, mue par la vapeur, pourrait être d'une grande utilité pour nos forêts.

Avant de terminer ce rapport, je dois encore, Messieurs, vous entretenir de la collection d'ustensiles pour l'intérieur de la ferme présentée par M. Charles, et autour de laquelle il y avait toujours un grand concours de visiteurs et surtout de visiteuses. Je ne puis parler ici des ustensiles placés hors concours, tels que la glacière parisienne et l'appareil culinaire, quoique ce dernier puisse être utile aux colons ; mais vous avez pu juger, comme nous, de l'ingénieuse disposition, soit des *barattes*, soit du *cuit-légumes* et de la *baignoire-buanderie*, appareils à plusieurs emplois qui permettent un lessivage facile et économique ; à cette collection étaient joints des filtres et de menus ustensiles d'intérieur. Une médaille d'argent a été décernée à M. Charles.

En résumé, Messieurs, la Commission chargée de juger les instruments d'intérieur a constaté une nombreuse et brillante exposition. Nous nous sommes plu, en nous servant ici des machines primées, à faire battre des gerbes dont le blé a été passé au tarare et au trieur ; le grain ainsi criblé a été converti en farine par le *moulin agricole* de M. Pinet, auquel la Commission avait donné une mention très-honorable ; la pâte a été travaillée par le *pétrin mécanique* de M. Sicard, instrument d'industrie plutôt que d'agriculture, mais que nous avons honorablement mentionné à cause de son bon agencement ; au sortir du pétrin, cette pâte a été remise à Mme Charles, qui a voulu y mélanger du beurre de ses barattes, et c'est ainsi qu'elle vous a offert du pain qui n'est peut-être pas le pain quotidien du cultivateur, mais, du moins, on a pu suivre pas à pas toutes les opérations qui ont transformé la gerbe sur le champ même du concours.

Les agriculteurs se sont pressés en grand nombre pour voir fonctionner les instruments classés dans la section des travaux d'intérieur ; car la plupart de ces instruments sont destinés à rendre propres à la vente les productions du sol et ils représentent, pour le cultivateur, la réalisation des espérances de l'année. Puissent chaque année ces espérances s'augmenter et se convertir en profits sérieux ; puissent les bons instruments se répandre de plus en plus, car ce sera l'un des indices de la prospérité de l'agriculture algérienne et du succès de la colonisation.

RAPPORT

DE LA 3ᵉ SECTION

—

M. HARDY, Directeur du Jardin d'Acclimatation,

VICE-PRÉSIDENT DE LA SECTION

Produits agricoles et Matières utiles à l'agriculture

La quatrième division présente un ensemble comprenant, à peu d'exceptions près, toutes les productions agricoles qui s'obtiennent, en ce moment, en Algérie ; 381 concurrents, pour les divers genres de produits, ont pris part à la lutte, et il a été décerné à ceux de ces produits les plus méritants, 147 récompenses qui se répartissent ainsi : 5 médailles d'or, 23 médailles d'argent, 42 médailles de bronze et 77 mentions honorables.

Dans ses appréciations, le Jury a eu soin de grouper et de mettre en relief les productions agricoles les plus considérables, celles sur lesquelles s'exerce, en ce moment, le plus d'activité, et qui, jusqu'ici, révèlent le mieux l'aptitude productrice du pays. C'est ainsi que les plus hautes récompenses ont été attribuées aux blés, aux vins, aux huiles, aux tabacs et aux cotons.

Nous n'entreprendrons pas de faire ici la réputation des blés de l'Algérie. Cette réputation est faite. Les blés durs et les blés tendres y réussissent également bien. Ces derniers donnent d'excellents résultats dans certaines conditions privilégiées de sol, d'exposition et de culture. Cependant, il faut bien le dire, la culture des blés tendres n'est encore que l'exception, comparativement à l'étendue qu'occupent les blés durs. Ces blés durs, qui sont naturels au pays et cultivés par les Indigènes de temps immémorial, se recommandent d'ailleurs d'eux-mêmes. Ils sont plus rustiques que les blés tendres, moins sensibles aux variations atmosphériques, moins sujets à s'égrener spontanément et à se perdre dans les champs sous l'influence des vents chauds, et, généralement, enfin, d'une réussite plus certaine.

Depuis que notre minoterie a appris à traiter nos blés durs, on fait du pain excellent avec les farines qu'on en obtient. On se rappelle, à cet égard, que longtemps encore après l'occupation, on niait la possibilité de panifier le produit du blé dur : peut-être cette négation n'était-elle pas sans être intéressée de la part de ceux qui trouvaient profit à nous alimenter avec les produits de la minoterie étrangère au pays. Aujourd'hui, la lumière s'est faite à notre avantage, le pain que nous mangeons est, en majeure partie, fabriqué avec le produit du blé dur.

Les semoules et les pâtes alimentaires que l'on obtient de nos blés durs rivalisent avec ce que l'Italie produit de mieux en ce genre. L'utilisation des blés durs va toujours en s'agrandissant. L'usage des pâtes alimentaires va en augmentant tous les jours en Europe; les semouliers et vermicelliers de Marseille et de Lyon préfèrent nos blés durs d'Afrique à ceux de la Sicile et des pays riverains de la mer Noire. La culture du blé dur prend donc une importance de premier ordre en Algérie, et mérite, par conséquent, les plus hautes récompenses qui se puissent donner dans ce concours, et c'est à ces divers titres qu'une médaille d'or est attribuée au plus beau blé dur.

Les blés durs (28 concurrents) ont été, en outre, récompensés par une médaille d'argent, une médaille de bronze et trois mentions honorables. Les blés tendres (23 concurrents) par une médaille d'argent, une médaille de bronze et trois mentions honorables.

Dans l'ordre industriel, la minoterie, qui utilise immédiatement nos produits agricoles, et en est le principal agent vulgarisateur, a obtenu 10 récompenses. Une médaille d'argent a été décernée à un lot d'excellentes pâtes assorties préparées par M. Cheviron, minotier à Médéah.

Une médaille d'argent a été décernée à un assortiment de semoules de qualité tout à fait remarquable, exposé par M. Brunet, minotier et semoulier à Marseille.

M. Brunet est l'un des premiers qui aient divulgué les propriétés des blés durs d'Afrique. Dès 1840, il les employait pour la fabrication des semoules; les vermicelliers se servaient de ses moutures et en faisaient passer les produits pour des pâtes de Gênes ou d'Italie. Ces produits prirent de plus en plus faveur, et aujourd'hui M. Brunet, soit directement, soit indirectement, est l'auteur de l'emploi à Marseille, de 120,000 hectolitres de blés durs expédiés de nos ports, pour lesquels il est versé deux millions quatrecent mille francs en espèces, et qui donnent lieu, en outre, pour fret et fabrication, à un mouvement en numéraire de un million deux cent dix mille francs.

Une autre maison de Lyon, dont nous regrettons de ne pas voir ici les produits, a pris aussi une part très active dans l'emploi et la vulgarisation des blés durs algériens. MM. Bertrand et Cie prennent les semoules des mains de M. Brunet et les convertissent en pâtes fines, qui se présentent partout à la première ligne de ce qui se produit de plus parfait en ce genre. M. Bertrand, d'origine savoisienne, a pu même, il y a quelques années, faire pénétrer les produits de nos blés durs au sein même des concours agricoles italiens et remporter sur la terre classique une récompense de premier ordre pour ses pâtes.

Nous ne pouvons clore cette notice sans signaler à la considération publique, les hommes qui, par leur industrie et leur dévouement, ont le plus contribué à l'emploi et à la réputation de nos blés durs d'Afrique. Tout le monde applaudira, au nom de M. Lavie, de Constantine, le père de la meunerie en Algérie, et qui a été récompensé par la croix d'honneur; de M. Brunet, de Marseille ; de M. Bertrand, de Lyon ; de M. Cheviron, de Médéah ; de l'administration agricole du Sig, dans la province d'Oran, et de beaucoup d'autres que nous avons le regret de ne pouvoir citer, faute de renseignements suffisants.

En terminant, qu'il nous soit permis d'émettre le vœu que l'industrie de la mouture des grains se développe de plus en plus en Algérie; c'est une industrie agricole des plus fécondes et des plus profitables au pays. Il est désirable de voir l'exportation des farines et semoules s'étendre. Sous le même volume, il s'expédiera une denrée trois fois plus riche ; le pays s'enrichira du prix de la fabrication ; l'agriculteur bénéficiera, pour l'entretien du bétail, des issues de la mouture qui, en l'état, sont perdues pour elle.

Pour les vins, 27 concurrents se sont présentés : 10 pour les vins blancs, 17 pour les vins rouges. Les vins blancs ont été trouvés de meilleure garde et de qualité supérieure aux vins rouges, et ont remporté les récompenses les plus élevées. La médaille d'or a été accordée à un vin blanc de Médéah. Une médaille d'argent a été remportée par le territoire de Douéra. Une médaille de bronze a été accordée à un produit de Millésimo, province de Constantine, et une mention honorable à un produit de Sidi-Brahim, province d'Oran. Quant aux vins rouges, ils n'ont été jugés dignes que d'une médaille de bronze et de deux mentions honorables.

Tout le monde est convaincu que la culture de la vigne est appelée à un grand avenir en Algérie et qu'elle y donnera lieu à l'une des principales productions. Nul doute, en effet, que la vigne n'y offre d'abondantes et profitables vendanges, mais à la condition que l'on donnera à ce végétal les soins d'installation qu'il réclame. Ici, encore plus qu'ailleurs peut-être, la petite étendue, bien établie, bien soignée, est supérieure à la grande surface préparée légèrement.

Sur une terre profondément défoncée, on obtiendra du bois vigoureux et bien nourri, des grappes en abondance et riches de jus ; sur une terre superficiellement préparée, on n'aura que des sarments maigres, des grappes avortées ou qui disparaîtront sous le soufle du vent chaud.

Dans les pays vignobles, on compte qu'un hectare de vignes en rapport a coûté d'installation au moins cinq mille francs. Disons-le franchement, ceux qui prétendent, en Algérie, créer des vignobles par vingtaine d'hectares, dans une année, sur de simples labours de charrue, font fausse route.

Si une bonne préparation de la terre est une des principales conditions de succès, l'appropriation du cépage au sol et à l'exposition dont on dispose n'est pas moins indispensable.

La vinification est l'opération la plus délicate et c'est chez elle principalement que le progrès se fait le plus attendre. La fermentation du moût, notamment, paraît mériter la plus grande attention. On a dit plus haut que, dans cette exposition, les vins blancs s'étaient montrés bien supérieurs aux vins rouges ; ce fait s'est reproduit invariablement à toutes les exhibitions où l'Algérie a envoyé de ses vins ; les vins blancs sont toujours arrivés dans un meilleur état de conservation et ont été trouvés d'une qualité supérieure aux vins rouges. Il y a là une indication sérieuse dont nos nouveaux vignerons feront leur profit.

Les huiles ont été présentées par quatorze concurrents: sept ont reçu des récompenses.

Le Jury n'a pas cru devoir donner de récompense pour les huiles ou produits de graines qui se présentent comme succédanées de l'huile d'olive. Avec l'huile d'olive, qui est la meilleure huile comestible, et qui est d'ailleurs propre à la plupart des emplois industriels, il a admis aux encouragements les huiles de lin et de ricin, qui ont leur application à des usages spéciaux. Les huiles d'olive que le Jury a eu à examiner étaient d'excellente qualité, irréprochables sous le rapport du goût, de la saveur, comme sous celui de la limpidité. On sait que l'aptitude du pays est manifestement prononcée pour la production de l'huile d'olive. L'Algérie occupe le milieu de la région des oliviers sur le globe. C'est un produit naturel du sol qui s'offre spontanément. Ici, l'olivier est l'essence dominante qui se reproduit par la seule force de la nature et sans le secours de la main de l'homme. Il semble qu'il y ait comparativement peu d'efforts à faire pour aménager les innombrables quantités de plants d'olivastres qui couvrent le territoire. Un débouché illimité est assuré d'avance aux huiles d'olive ; on n'en produit d'autres pour la consommation que parce que l'on n'a pas assez de celle-là. En aménageant les oliviers sauvages, greffant seulement ceux à plus petits fruits et à noyau développé, en les cultivant et les fumant comme ils doivent l'être, en les irriguant dans les plaines et partout où on le pourrait, on créerait en Algérie un fonds de richesse incalculable, au grand avantage des producteurs d'ici et des consommateurs de là-bas. Il faudrait que l'on comprît bien que si l'Algérie n'a pas de mines aurifères, elle a ses bois d'oliviers qui ne demandent que quelques années de sacrifices pour récompenser la main qui les aura soignés.

Un produit de cette importance devait être dignement récompensé ; le Jury a donné aux huiles d'olive une médaille d'or qui revient à la province de Constantine, une médaille d'argent, une de bronze et une mention honorable.

Les tabacs avaient 39 concurrents : 33 pour les tabacs en feuilles et 6 pour les tabacs fabriqués. Ils ont obtenu 10 récompenses.

Les événements qui se passent en Amérique donnent un nouvel intérêt à cette production naturalisée en Algérie, et qui, il y a quelques années, mettait six millions de francs dans les mains de nos colons. Il faut espérer que, par des soins bien entendus, donnés à la culture et à la manipulation de leurs tabacs, nos colons produiront des qualités dont ils trouveront un débouché avantageux par le commerce. Il n'est pas douteux que de nouveaux horizons leur soient ouverts sous ce rapport. Sur les principales places de l'Europe les approvisionnements de tabacs américains s'épuisent ; les docks de Londres seront bientôt vides : de grandes affaires, pour cette denrée, peuvent se lier avec cette place considérable. La production du tabac se présente donc avec une importance de nature à mériter une récompense élevée. Une médaille d'or a été décernée à un tabac récolté à Gastonville, province de Constantine, et qui présentait un certain degré de combustibilité, quoique étant de la dernière récolte. Une médaille d'argent, une médaille de bronze et quatre mentions honorables ont été accordées à d'autres tabacs, selon l'ordre de leur mérite. Quant aux tabacs fabriqués, ils ont obtenu une médaille d'argent et une de bronze comme récompense d'une bonne préparation.

Les textiles étaient représentés par les cotons et les lins.

En ce moment, un intérêt considérable est attaché à la production du coton. Les manufactures de l'Europe manquent de cette matière première ; de longs chômages sont imposés et des milliers de bras sont sans travail.

Le prix du coton s'est accru considérablement ; ce prix promet d'être rénumérateur pour nos colons. Les circonstances sont donc on ne peut plus propices au développement de la production du coton. De puissantes compagnies se proposent d'apporter ici, pour les mettre à profit, le puissant levier de leurs capitaux. Puissent ces espérances se réaliser promptement et nous verrons de nombreux cotonniers couvrir les terres qui sont appropriées à leur culture.

Les colons ont répondu ici, avec empressement, à l'appel qui leur a été fait. 36 concurrents : 22 pour les cotons longue-soie et 14 pour les cotons courte-soie se sont présentés. Les qualités étaient généralement bonnes et témoignent d'une préparation soignée.

En raison de l'intérêt tout spécial qui est attaché à cette importante production, une médaille d'or, deux médailles d'argent, deux de bronze et trois mentions honorables ont été accordées pour les cotons longue-soie, et une médaille d'argent, une de bronze et deux mentions honorables aux cotons courte-soie.

MM. Huet et Vallier, mis hors concours, avaient exposé de beaux cotons, bien préparés et qui témoignaient de la bonté des procédés qu'ils emploient pour l'égrenage.

La production du lin, en Algérie, a aussi une grande importance, à divers points de vue. Cette matière ne se produit nulle part en quantité suffisante pour les besoins de l'industrie manufacturière, et ce besoin s'augmente encore de la pénurie du coton. Le lin croît en Algérie dans des conditions identiques à celles des céréales, il se développe à la faveur des pluies hivernales; il n'y a que peu de terrains qui ne lui conviennent pas, et il peut rendre les plus grands services dans la pratique agricole, pour l'alternation des cultures. Le lin peut donner, selon les circonstances où l'on se trouve, de la filasse ou de l'huile siccative, deux produits qui sont toujours d'un débouché avantageux. Le lin paraît donc indiqué comme l'une de nos meilleures plantes agricoles.

Le lin en tiges, présenté à l'exposition par sept concurrents, a remporté cinq récompenses. Une médaille d'argent, deux de bronze et deux mentions honorables.

L'industrie séricicole, que l'on a toujours considérée comme devant être une production éminemment algérienne, n'était que faiblement représentée. Cette circonstance doit être attribuée à la maladie du ver secréteur de la soie, qui paralyse les efforts des éducateurs, non-seulement ici, mais dans presque tous les pays où l'on cultive le mûrier.

Néanmoins, le Jury a pu examiner avec intérêt de fort jolis lots de cocons, qui ont été récompensés, et qui témoignent que, lorsque cette terrible maladie aura passé, la production de la soie pourra reprendre son essor en Algérie.

Pour les laines, 5 exposants seulement ont envoyé des toisons. Il y a lieu de regretter une pareille abstention dans un pays qui, par ses steppes qui s'étendent vers le sud, par la nature de ses parcours, par les dix à douze millions de moutons qui couvrent déjà son sol, est désigné à l'avance comme éminemment producteur de laines.

Pour arriver à donner à l'Algérie le rang qu'elle doit prendre dans la production des laines, il y a peut-être moins à créer qu'à améliorer ce qui existe. Les mesures que l'Administration a prises, son action incessante près des Indigènes, amènera ce résultat. Toutefois, s'il y a un but à atteindre, il ne doit pas être dépassé. Les marchés sont de plus en plus encombrés de laines fines: les manufactures manquent de laines de bonne qualité courante. Partout, on a poussé outre mesure à l'amélioration.

L'Australie a pris pour modèle la Saxe; elle tend à rendre de plus en plus fines et tassées les toisons qu'elle envoie en Europe, au grand déplaisir des grands manufacturiers, qui doivent payer plus cher une matière première qui leur convient moins. L'Australie devra revenir un peu sur ses pas, si elle veut trouver le placement de toutes ses laines.

Des manufacturiers haut placés nous tenaient, à l'exposition de Londres, ce discours, à l'adresse de l'Algérie : « Gardez-
» vous d'imiter servilement ce qui se passe en Saxe, en Aus-
» tralie, au Cap, en voulant donner, avant tout, une grande fi-
» nesse à vos laines; vous y perdrez du temps et ferez des sa-
» crifices qui ne sont pas nécessaires. Vos laines natives de
» l'Algérie, sont de bonne nature; ce qui leur manque, c'est
» plus de régularité, moins de jarre, et plus de propreté. Les
» laines de *bonne qualité courante* nous manquent. En les pro-
» duisant, vous en trouverez un débouché illimité, et nous
» osons dire que ce ne sera pas sans de grands profits pour
» vous. »

Ce conseil paraît trop sage pour ne pas être écouté.

PROCÈS-VERBAL

DISTRIBUTION DES PRIX ET MÉDAILLES

PREMIÈRE DIVISION.

PRIME D'HONNEUR.

La prime d'honneur n'a pas été décernée.

Ont été distribuées aux concurrents, dont les domaines ont été visités, pour des améliorations partielles déterminées :

Médaille d'or. — M. Peyront, à l'Arba (Alger), pour ses labours d'été et la bonne disposition de ses fumiers

Médaille d'or. — M. Nienaltowski, à la Chiffa (Alger), pour l'éducation des abeilles.

Médaille d'argent. — MM. Julienne et Lépinay, à Médéah, pour leur verger et leurs instruments vinaires.

Médaille d'argent. — Mme Aupied, à Dellys, pour son association avec des femmes indigènes, mères des bergers, pour la production du lait et du beurre.

Article 12 de l'arrêté de Son Exc. M. le Maréchal Gouverneur
Général, en date du 31 mars 1862.

Une somme de 100 francs et des médailles de bronze seront mises
à la disposition du jury pour être distribuées aux gens à gages, qui lui
seront signalés par les éleveurs, pour les soins intelligents qu'ils auront
donnés aux animaux primés.

Une médaille de bronze et 100 fr. — M. Bacque (Pierre), chez
M. Faur-Méras, à Castiglione (Alger).

Article 18 du même arrêté.

Une somme de 500 francs et cinq médailles d'argent et de bronze
seront mises à la disposition du jury pour être distribuées entre les
serviteurs européens et indigènes qui auront utilement servi dans la
même ferme pendant plus de dix ans.

Médaille d'argent et 100 fr. — M. Tabarin (Louis), chez
M. Bourdeyron, à Tiaret (Oran).

Médaille d'argent et 100 fr. — Si Ahmed-ben-Tayeb, chez
M. Boudet, propriétaire à l'Arba (Alger).

Médaille d'argent et 100 fr. — M. Germain Constant, chez
M. Nicolas, propriétaire à Cherchell (Alger).

Médaille d'argent et 100 fr. — Si Ali-bel-Hadj-Messaoud, chez
M. Trémaux, à la ferme de l'Oued-Corso (Alger).

DEUXIÈME DIVISION.

ANIMAUX REPRODUCTEURS ET AUTRES.

1re CLASSE. — ESPÈCE CHEVALINE.

CATÉGORIE UNIQUE. — *RACE INDIGÈNE PURE.*

1re SECTION. — Juments poulinières suitées agées de moins de 12 ans.

1er prix, médaille d'or et 500 fr. — M. Bourdeyron, à Tiaret (Oran).

2e prix, médaille d'argent et 250 fr. — Si El Hamri ben Bedjera, cercle de Bouçaada (Constantine).

3e prix, médaille de bronze et 100 fr. — Si Snoussi ben Lakdar, cercle de Bouçaada (Constantine).

Mention très honorable. — M. Bourdeyron, à Tiaret, déjà nommé.

Mention honorable. — M. Baurens, au Fondouck (Alger).

Mention honorable. — M. Faur-Méras, à Castiglione (Alger).

2e SECTION. — Poulains de 18 mois à 3 ans, nés chez l'exposant.

1er prix, médaille d'argent et 200 fr. — M. Bourdeyron, déjà nommé.

2e prix, médaille de bronze et 150 fr. — M. Laroque, à Oued-el-Halleg (Alger).

3e prix, médaille de bronze et 100 fr. — M. Retourna (Félicien), à Oued-el-Halleg (Alger).

7

3e Section. — **Pouliches de 18 mois à 3 ans, nées chez l'exposant.**

1er prix, médaille d'argent et 200 fr. — M. Bourdeyron, déjà nommé.

2e prix, médaille de bronze et 150 fr. — Si Saïd ben Daoud, cercle de Bouçaada (Constantine).

3e prix, médaille de bronze et 100 fr. — M. Faur-Méras, déjà nommé.

Mentions honorables. { M. Bourdeyron, déjà nommé.
{ M. Faur-Méras, déjà nommé.

2me CLASSE. — ESPÈCE MULASSIÈRE.

1re Section. — **Baudets reproducteurs de 3 à 6 ans au plus, pouvant servir à produire des mulets de trait.**

Prix unique. — Non décerné.

2e Section. — **Anesses de 3 à 8 ans, propres à faire des baudets pour la reproduction des mulets de trait.**

1er prix, médaille d'argent et 200 fr. — M. Faur-Méras, déjà nommé.

2e prix, médaille de bronze et 100 fr. — M. Poujoulat, au Fondouck (Alger).

3e Section. — **Mules et Mulets de 18 mois à 3 ans, nés chez l'exposant.**

1er prix, médaille d'argent et 200 fr. — M. Levieil, à Oued-el-Halleg (Alger).

2e prix, médaille de bronze et 150 fr. — M. Kertz (Jacob), à Bouffarick (Alger).

Mention honorable. — MM. Vidal et Gazzino à l'Agha (Alger).

Mentions honorables (hors concours).

Jument indigène pleine. — M. Weyer, à Mouzaïaville (Alger).

Poulain croisé, arabe-français. — M. Charbonnaud, à Bouffarick (Alger).

3e CLASSE. — ESPÈCE BOVINE.

1re Catégorie. — *RACE INDIGÈNE.*

1re Section. — Taureaux de 18 mois à 4 ans, nés chez l'exposant.

1er prix, médaille d'argent et 400 fr. — M. Charlot, à Bouffarick (Alger).

2e prix, médaille de bronze et 300 fr. — M. Weyer, déjà nommé.

3e prix, médaille de bronze et 200 fr. — M. Kertz, déjà nommé.

Mention honorable. — M. Villas, à Mouzaïaville (Alger).

2e Section. — Vaches.

1er prix, médaille d'argent et 200 fr. — M. Fort, à Berbessa (Alger).

2e prix, médaille de bronze et 100 fr. — M. Betsch, à Bouffarick (Alger).

3e prix, médaille de bronze et 50 fr. — M. Rabouel, à Dély-Ibrahim (Alger).

3e Section. — Génisses de 18 mois à 3 ans, nées chez l'exposant.

1er prix, médaille d'argent et 150 fr. — Non décerné.

2e prix, médaille de bronze et 100 fr. — M. Kertz, déjà nommé.

2ᵉ Catégorie. — *RACES DE TOUTE PROVENANCE*

1ʳᵉ Section. — **Taureaux de race laitière, de 18 mois à 4 ans.**

1ᵉʳ prix, médaille d'argent et 400 fr. — MM. Foacier de Ruzé et Samson, à Chirat (Constantine).

2ᵉ prix, médaille de bronze et 300 fr. — M. Rabouel, déjà nommé.

3ᵉ prix, médaille de bronze et 200 fr. — M. Choulet, à Joinville (Alger).

2ᵉ Section. — **Vaches laitières.**

1ᵉʳ prix, médaille d'argent et 200 fr.—M. Choulet, déjà nommé.

2ᵉ prix, médaille de bronze et 150 fr. — M. Letheulle, à Hussein-Dey (Alger).

3ᵉ prix, médaille de bronze et 100 fr. — M. Faur-Méras, déjà nommé.

1ʳᵉ mention honorable. — M. Rabouel, déjà nommé.

2ᵉ mention honorable. — M. Letheulle, déjà nommé.

Mention très honorable et spéciale. — M. Faur-Méras, pour sa collection de vaches et de veaux.

4ᵉ CLASSE. — **ESPÈCE OVINE.**

1ʳᵉ Catégorie.— *RACE MÉRINOS PURE.*

1ʳᵉ Section. — **Béliers âgés de 2 ans au moins.**

1ᵉʳ prix, médaille d'argent et 200 fr. — MM. Foacier de Ruzé et Samson, déjà nommés.

2ᵉ prix, médaille de bronze et 100 fr. — M. Pelletier, à Beni-Méred (Alger).

Mention honorable. — M. Chanteperdrix, à Ouled-Fayet (Alger).

2ᵉ Section. — Brebis par lots de 20.

Néant.

2ᵉ Catégorie. — *RACE INDIGÈNE.*

1ʳᵉ Section. — Béliers indigènes de 2 ans au moins.

1ᵉʳ prix, médaille d'argent et 200 fr. — M. Paulin, de la Rassauta (Alger).

2ᵉ prix, médaille de bronze et 100 fr. — M. Chanteperdrix, déjà nommé.

Mention honorable. — M. Miraval, de Mouzaïaville (Alger).

2ᵉ Section. — Brebis par lots de 20.

1ᵉʳ prix, médaille d'argent et 200 fr. — M. Paulin, déjà nommé.

2ᵉ prix, médaille de bronze et 100 fr. — M. Pelletier, déjà nommé.

2ᵉ second prix, médaille de bronze et 100 fr. — Ahmed-ben-Dif, caïd, cercle de Bouçaada (Constantine).

Mention honorable. — Lakdar-ben-Amri, cercle de Bouçaada (Constantine).

3ᵉ Catégorie. — *MÉTIS CROISÉS.*

Section unique. — Brebis par lots de 20, nées chez l'exposant.

1ᵉʳ prix, médaille d'argent et 200 fr. — M. Pelletier, déjà nommé.

2ᵉ prix, médaille de bronze et 100 fr. — M. Martinot (Claude), à Bouffarick (Alger).

5ᵐᵉ CLASSE. — **ESPÈCE CAPRINE**.

Catégorie unique. — *RACE CHÈVRE ANGORA, MÉTIS CROISÉS.*

Section unique. — **Chèvres par lots de 10 et 1 bouc, nés chez l'exposant.**

1ᵉʳ prix, médaille d'argent et 150 fr. — M. Mercurin, à Chéragas (Alger).

2ᵉ prix, médaille de bronze et 100 fr. — M. Lecat, à Chéragas (Alger).

6ᵉ CLASSE. — **ESPÈCE PORCINE**.

1ʳᵉ Section. — **Verrats nés chez l'exposant.**

Prix unique, médaille d'argent et 100 fr. — M. Pasquier, à la Rassauta (Alger).

2ᵉ Section. — **Truies suitées, nées chez l'exposant.**

Prix unique, médaille d'argent et 100 fr. — M. Pasquier, déjà nommé.

7ᵉ CLASSE. — **ANIMAUX DE BASSE-COUR**.

Une médaille de bronze et 50 fr.—M. Lasserre, à Baba-Hassen (Alger).

Une médaille de bronze et 50 fr. — M. Mauge, à la Rassauta (Alger).

Une médaille de bronze et 25 fr.— Mme Baurens, au Fondouck (Alger).

TROISIÈME DIVISION.

MACHINES ET INSTRUMENTS AGRICOLES.

1ʳᵉ Section. — **EXPOSANTS DE L'ALGÉRIE.**

1ʳᵉ Sous-Section. — **Travaux d'extérieur.**

1° *Meilleure machine à élever l'eau.*

1ᵉʳ prix, médraille d'argent et 200 fr. — M. Perrin, à l'Agha (Alger).

2ᵉ prix, une médaille de bronze et 100 fr. — Non décerné.

2° *Charrues.*

1ᵉʳ prix, une médaille d'or et 200 fr. — M. François, à Beni-Mered (Alger).

2ᵉ prix, médaille d'argent et 100 fr. — Aldiguier, à Bouffarick (Alger).

3ᵉ prix, médaille de bronze et 50 fr. — M. Bannerot, à Rivoli (Oran).

3° *Charrues sous-sol.*

Prix unique, une médaille d'argent et 100 fr. — M. Arnould, à Birkadem (Alger).

4° *Herses.*

1ᵉʳ prix, médaille d'argent et 100 fr. — MM. Foacier de Ruzé et Samson, à Chirat (Constantine).

2ᵉ prix, médaille de bronze et 50 fr. — M. Herpin, à Alger.

5° *Rouleaux.*

Prix unique, médaille d'argent et 100 fr. — Non décerné.

6° *Semoirs.*

Prix unique, médaille d'argent et 100 fr. — M. Massardier, à (Oran).

7° *Houes à cheval*

Prix unique, médaille d'argent et 100 fr. — M. Herpin, à Alger.

8° *Butteurs.*

Prix unique, médaille de bronze et 50 fr. — M. Bannerot, déjà nommé.

9° *Machines à faucher les prairies naturelles et artificielles.*

1er prix, médaille d'or et 250 fr. — MM. Foacier de Ruzé et Samson, déjà nommés.

2e prix, médaille d'argent et 200 fr. — Non décerné.

3e prix, médaille de bronze et 100 fr. — Non décerné.

10° *Machines à faner.*

Prix unique, médaille d'argent et 100 fr. — Non décerné.

11° *Rateaux à cheval.*

Prix unique, médaille d'argent et 100 fr. — Non décerné.

12° *Machines à moissonner.*

1er prix, médaille d'or et 300 fr. — M. Mauge, à la Rassauta (Alger).

2e prix, médaille d'argent et 200 fr. — Non décerné.

3e prix, médaille de bronze et 100 fr. — Non décerné.

13° *Harnais propres aux usages agricoles.*

Prix unique, médaille de bronze et 50 fr. — M. Jouffrain père, à El-Achour (Alger).

14° *Collection d'instruments à main pour les travaux extérieurs.*

Prix unique, médaille de bronze et 50 fr. — Non décerné.

15° *Ruches.*

1er prix, médaille d'argent et 100 fr. — Bœnsch, à Kouba (Alger).

2e prix, médaille de bronze et 50 fr. — M. Nienaltowski, à la Chiffa (Alger).

Médaille d'argent. Charrue dite Brabant double et son traîneau. — M. Arnould, déjà nommé.

Médaille d'argent. Bineur à cheval. — M. Choulet, à Joinville (Alger).

Une médaille d'argent. Charrues. — M. Herpin, déjà nommé.

Une médaille d'argent, Charrue à avant-train. — M. Mauge, déjà nommé.

Mention honorable (hors concours). Voitures dites Victoria et calèche. — M. Bressy, à Alger.

Mention honorable (hors concours). Selles. — M. Ourouelle, à Alger.

2e SOUS-SECTION. — **Travaux d'intérieur.**

1° *Machines à battre mobiles.*

1er prix, médaille d'or et 300 fr. — M. Mauge, déjà nommé.

2e et 3e prix. — Non décernés.

2° *Tarares.*

Prix unique, médaille d'argent et 100 fr. — M. Tamé, à Beni-Méred (Alger).

Mention honorable. — M. Weyer, à Alger.

Mention honorable. — M. Herpin, à Alger.

3° *Cribles trieurs.*

Médaille de bronze et 50 fr. — M. Mauge, déjà nommé.

Médaille d'or. Machine à vapeur locomobile. — M. Weyer, déjà nommé.

Médaille d'argent. Machine à égrener le coton. — M. Monteil, à Blidah (Alger).

Médaille d'argent. Pressoir portatif et égrenoir à raisin. — M. Jouffrain père, déjà nommé.

Médaille de bronze. Bascule pour peser le bétail. — M. Varennes, à Alger.

2ᵉ Section. — EXPOSANTS HORS L'ALGÉRIE.

1ʳᵉ Sous-Section. — **Travaux d'extérieur.**

1° *Meilleure machine à élever l'eau.*

1ᵉʳ prix, médaille d'argent et 200 fr. — M. Peltier, à Paris (Seine).

2ᵉ prix, médaille de bronze et 100 fr. — M. Eldin, à Lyon (Rhône).

2° *Charrues.*

1ᵉʳ prix, médaille d'or et 200 fr. — M. Peltier, déjà nommé.

2ᵉ prix, médaille d'argent et 100 fr. — M. Meugniot, à Dijon (Côte-d'Or).

3ᵉ prix, médaille de bronze et 50 fr.— M. Ganneron, à Paris.
(Seine).

3° *Charrues sous-sol.*

Prix unique, médaille d'argent et 100 fr. — M. Bruel, à Moulins (Allier).

4° *Herses.*

1ᵉʳ prix, une médaille d'argent et 100 fr. — M. Peltier, déjà nommé.

2ᵉ prix, médaille de bronze et 50 fr. — M. Bruel, déjà nommé.

5° *Rouleaux.*

Prix unique, médaille d'argent et 100 fr. — M. Peltier, déjà nommé.

6° *Semoirs.*

Prix unique, médaille d'argent et 100 fr. — M. Ganneron, déjà nommé.

7° *Houes à cheval.*

Prix unique, médaille d'argent et 100 fr. — M. Bruel, déjà nommé.

8° *Butteurs.*

Prix unique, médaille de bronze et 50 fr. — M. Peltier, déjà nommé.

9° *Machines à faucher les prairies naturelles et artificielles.*

1ᵉʳ prix, médaille d'or et 250 fr. — M. Peltier, déjà nommé.

2ᵉ prix, médaille d'argent et 200 fr.—M. Ganneron, déjà nommé.

3ᵉ prix, médaille de bronze et 100 fr.— M. Passedoit, à Saumur (Maine-et-Loire).

10° Machines à faner.

Prix unique, médaille d'argent et 100 fr. — M. Ganneron, déjà nommé.

11° Râteaux à cheval.

Prix unique, une médaille d'argent et 100 fr. — M. Peltier, déjà nommé.

12° Machines à moissonner.

1er prix, médaille d'or et 300 fr. — M. Peltier, déjà nommé.

2e prix, médaille d'argent et 200 fr. — M. Passedoit, déjà nommé.

3e prix, médaille de bronze et 100 fr.—M. Lotz, à Nantes (Loire-Inférieure).

13° Harnais propres aux usages agricoles.

Prix unique, médaille de bronze et 50 fr. — M. Peltier, déjà nommé.

14° Collections d'instruments à main pour les travaux extérieurs.

Prix unique, médaille de bronze et 50 fr. — M. Sagau, à Perpignan (Pyrénées-Orientales).

15° Ruches.

1er prix, médaille d'argent et 100 fr. — M. Charles, à Paris (Seine).

2e prix, médaille de bronze et 50 fr. — M. Menc, à Saint-Florent (Basses-Alpes).

Médaille d'argent. Charrue n° 2 de grande culture. — M. Bruel, déjà nommé.

Médaille d'argent. Charrue double Gombert. — M. Gombert, à Malijai (Basses-Alpes).

Médaille d'argent. Charrue vigneronne. — M. Artigue, à Toulouse (Haute-Garonne).

Médaille de bronze. Herse chaîne.—M. Ganneron, déjà nommé.

Médaille de bronze. Herse en fer. — M. Artigue, déjà nommé.

Médaille de bronze. Fourches; râteau en bois d'alizier; manches d'outils. — Clauzel et Cie, à Sauve (Gard).

Médaille de bronze. Collection d'instruments de jardinage; collection d'instruments à main. — M. Crest, à Forcalquier (Basses-Alpes).

Mention très honorable. Loco-batteuse à vapeur. — M. Lotz, déjà nommé.

2ᵉ Sous-Section. — **Travaux d'intérieur.**

1° *Machines à battre mobiles.*

1ᵉʳ prix, médaille d'or et 300 fr. — MM. Massenet, Nassivet et Cie, à Nantes (Loire-Inférieure).

2ᵉ prix, médaille d'argent et 200 fr. — M. Lotz fils aîné, à Nantes (Loire-Inférieure).

3ᵉ prix, médaille d'argent et 200 fr. — M. J. Pinet fils, à Abilly (Indre-et-Loire).

4ᵉ prix, médaille d'argent et 200 fr.— M. Creuzé des Roches, à Ingrandes (Indre).

Mention très honorable. — M. Passedoit (arrivé trop tard pour concourir), à Saumur (Maine-et-Loire).

2° *Tarares.*

Prix unique, médaille d'argent et 100 fr. — M. Presson, à Bourges (Cher).

Mention honorable. — M. Vermorel, à Villefranche (Rhône).

Mention honorable. — M. J. Pinet fils, déjà nommé.

3° *Trieurs.*

Prix unique, médaille d'argent et 100 fr. — M. Presson, déjà nommé.

4° *Collection d'instruments à main pour les travaux d'intérieur.*

Prix unique, médaille de bronze et 50 fr. — M. Crest, déjà nommé.

Médaille d'or. Collection d'instruments : Transmission à longues distances ; crible-trieur ; hache-paille ; tarare ; coupe-racines ; concasseur ; harnachements pour bœufs ; collection d'outils de drainage ; outillages à courroies ; auges à porcs. — M. Peltier jeune, à Paris (Seine).

Médaille d'or. Collection d'instruments : Batteuse américaine ; crible trieur ; égrenoirs à maïs ; tarare ; collection d'instruments de drainage ; moulin portatif ; attelage pour bœufs du baron Augier ; concasseur. — M. Ganneron, à Paris (Seine).

Médaille d'or. Machine à vapeur locomobile. — M. Calla, à Paris (Seine).

Médaille d'argent. Machine à broyer et à teiller le lin. — M. Maillard, à Soissons (Aisne).

Médaille d'argent. Collection d'ustensiles de ferme : Buanderie-baignoire ; cuit-légumes à la vapeur ; barattes et accessoires ; appareil de vidange ; instruments divers d'intérieur. — M. Charles, à Paris (Seine).

Médaille de bronze. Scierie agricole. — M. J. Pinet fils, déjà nommé.

Mention très honorable. Forges portatives. — MM. Enfer et
fils, à Paris (Seine).

Mention très honorable. Moulin agricole. — M. J. Pinet, déjà
nommé.

Mention très honorable. Sondes d'agriculture. — MM. Dégou-
sée et Laurent, à Paris (Seine).

Mention honorable. Scie locomobile. — M. Frey fils, à Paris (Seine).

Mention honorable. Pétrin mécanique. — M. Sicard, à
Marseille (Bouches-du-Rhône).

QUATRIÈME DIVISION

PRODUITS AGRICOLES

ET MATIÈRES UTILES A L'AGRICULTURE

Blés tendres.

Médaille d'argent. — M. Bleuze, à Sidi-Brahim (Oran).

Médaille de bronze. — M. Bousquet, à Ouled-Fayet (Alger).

Mention honorable. — M. Baès, à Birkadem (Alger).

    —   — M. Berthier, à la Rassauta (Alger).

    —   — M. Thuillier, à Chéragas (Alger).

Blés durs.

Médaille d'or. — M. Bleuze, déjà nommé.

Médaille d'argent. — M. Villas, à la Chiffa (Alger).

Médaille de bronze. — Sœur Ursule, à Bône (Constantine).

Mention honorable. — M. Morineau, à Birkadem (Alger).

—   — M. Villemin, à Gastonville (Constantine).

Maïs.

Médaille d'argent. — M. Chuffart, à Oued-el-Halleg (Alger).

Mention honorable. — M. Retourna père, à Oued-el-Halleg (Alger).

—   — M. Levieil, à Oued-el-Halleg (Alger).

—   — M. Colonque,   id.

—   — M. Goby, à Berbessa (Alger).

Orge.

Médaille de bronze. — M. Campeillo (Salvador), à St-Eugène (Alger).

Mention honorable. — M. Bordet, à Birkadem (Alger).

—   — M. Bleuze, à Sidi-Brahim (Oran).

Avoine.

Médaille de bronze. — M. Bousquet, à Ouled-Fayet (Alger).

Mention honorable. — La commune de Dély-Ibrahim (envoi collectif).

—   — M. Costollier, à Birkadem (Alger).

Fèves.

Médaille de bronze. — La commune de Dély-Ibrahim (envoi collectif).

Mention honorable. — M. Vial, à Chéragas (Alger).

—   — M. Rougier,   id.

—   — M. Chuffard, à Oued-el-Halleg (Alger).

Fèverolles.

Mention honorable. -- M. Marmet, à Robertville (Constantine).

Haricots.

Médaille de bronze. — M. Hartmann, à Gastonville (Constantine.

Mention honorable. — M. Pagès, à Oued-el-Halleg (Alger),

—   — M. Vial, à Chéragas (Alger).

—   — M. Reissent, à Berbessa (Alger).

Pois et garbançós.

Mention honorable. — M. Vial, à Chéragas (Alger).

—   — Sœur Jacquot, à Bône (Constantine).

Sorgho à sucre et béchena.

Mention honorable. — M. Bourlier (Charles), à Alger.

—   — M. Salat-el-Far, à Collo (Constantine).

Mention honorable. — M. Lescure, à Oran.

Pommes de terre.

Médaille de bronze. — M. Foléon, à Médéah (Alger).

Mention honorable. — M. Pagès, à Oued-el-Halleg (Alger).

—   — Pehaurt, à Drariah (Alger).

Patates.

Médaille de bronze. — La commune de Dély-Ibrahim (envoi collectif).

Mention honorable. — M. Reverchon, à Birkadem (Alger)

—   — M. Pehaurt, déjà nommé.

Betteraves.

Mention honorable. — M. Perrot-Bergeras, à Médéah (Alger).

Coton longue-soie.

Médaille d'or. — M. Ferrère, au Bou-Roumi (Alger).

Médaille d'argent. — M. Nicolas, à Crescia (Alger.)

— — M. Lescure, à Relizane (Oran).

Médaille de bronze. — M. Demarty, au Fondouck (Alger).

— M. Chanteperdrix, à Ouled-Fayet (Alger).

Mention honorable. — M. Goby, à Berbessa (Alger).

— — La commune de Dély-Ibrahim (envoi collectif.

— — M. Goulas, à Ste-Amélie (Alger).

Coton courte-soie.

Médaille d'argent. — M. Portelli, à Philippeville (Constantine).

Médaille de bronze. — M. Réal, à Rivet (Alger).

Mention honorable. — M. Colonque, à Oued-el-Halleg (Alger),

— — M. Chuffart, id.

Egrenage des cotons.

Mention très honorable. — MM. Vallier et Huet, usine de l'Agha (Alger), hors concours.

Lin en tiges.

Médaille d'argent. — M. Placteroët, à Philippeville (Constantine).

Médaille de bronze. — M. Bordet, à Birkadem (Alger).

— — M. Bourlier (Charles), à Alger.

Mention honorable. — M. Mauge, à la Rassauta (Alger).

—   — M. Rougier, à Chéragas (Alger).

Graines de lin.

Médaille d'argent. — M. Bordet, à Birkadem (Alger).

Médaille de bronze. — Sœur Jacquot, à Bône (Constantine).

Mention honorable. — M. Bourlier (Charles), à Alger.

—   — M. Mauge, à la Rassauta (Alger).

Graines de ricin.

Médaille de bronze. — M. Goby, à Berhessa (Alger).

Mention honorable. — Sœur Jacquot, à Bône (Constantine).

Tabacs en feuilles.

Médaille d'or. — M. Patureau, à Gastonville (Constantine).

Médaille d'argent. — M. Charpentier, à Millesimo (Constantine).

Médaille de bronze. — M. Laby, à Millesimo (Constantine).

Mention honorable. — M. Reverchon, à Birkadem (Alger).

—   — M. Portelli, à Philippeville (Constant.).

—   — M. Michaud, à la Chiffa (Alger).

—   — M. Hitier,   id.

Plantes médicinales et produits médicinaux.

Médaille d'argent. — MM. Frémont et Cie, à l'Agha (Alger).

Médaille de bronze. — M. Lallemant, à Alger.

—   — M. Richerand, à Tizi-Ouzou (Alger).

Mention honorable. — M. Roumier, à Soukarras (Constantine).

Herbier de plantes fourragères.

Médaille d'argent. — M. Durando, à Alger.

Fruits verts.

Médaille d'argent. — M. Perrot-Bergeras, à Médéah (Alger).

Médaille de bronze. — M. Portelli, de Philippeville (Constantine.

Mention honorable. — Sœur Jacquot, de Bône (Constantine).

     —   — M. Jouffrain père, à El-Achour (Alger).

Fruits secs.

Médaille d'argent. — M. Zurcher, à Mascara (Oran).

Médaille de bronze. — M. Morra, à Boghar (Alger).

Mention honorable. — M. Héry, à Saint-André de Mascara (Oran).

Bois dur et bois blanc d'Algérie.

Médaille de bronze. — Général de Vernon, à Macon (Saône-et-Loire).

Mention honorable. — M. Mauge, à la Rassauta (Alger).

Laines.

Médaille d'argent. — M. Lecat, à Chéragas (Alger).

Médaille de bronze. — M. Lescure, à Oran.

Mention honorable. — M. Faulquier, à Bouçaada (Constantine).

Poils de chèvre.

Mention honorable. — Si Delouah-ben-Gargas, cercle de Soukarras (Constantine).

Poils de chameau.

Médaille de bronze. — Si Delouah-ben-Gargas, déjà nommé.

Mention honorable. — Si Brahim-ben-Abdallah, cercle de Bouçaada (Constantine).

—   — Si Saïd-ben-bou-Daoud, caïd du Hodna
  (Constantine).

Cocons ordinaires.

Médaille d'argent. — M. Castelbou, à Birkadem (Alger).

Médaille de bronze. — M. Barge, à Chéragas (Alger).

Mention honorable. — M. Roumier, à Soukarras (Constantine).

—   — M. Maurel, au Fondouk (Alger).

—   — Sœur Jacquot, à Bône (Constantine).

Cocons de ver à soie de l'ailante.

Mention honorable. — M. François, à Bouffarik (Alger).

Miel et cire.

Médaille d'argent. — M. Nienaltowski, à la Chiffa (Alger).

Médaille de bronze. — M. Boensch, à Kouba (Alger).

—   — Gazagnaire, à Chéragas (Alger).

Farines de blé tendre.

Médaille de bronze. — M. Attard, à Birkadem (Alger).

Mention honorable. — M. Bleuze, à Sidi-Brahim (Oran).

Farines de blé dur.

Médaille de bronze. — M. Bleuze, déjà nommé.

Mention honorable. — M. Lavie, à Constantine.

—   — M. Arnaud, à Batna (Constantine).

Semoule de blé dur.

Médaille de bronze. — M. Attard, à Birkadem (Alger).

Mention honorable. — M. Fabre, à Batna (Constantine).

Pâtes alimentaires d'Algérie.

Médaille d'argent. — M. Cheviron, à Médéah (Alger).

    —   — M. Brunet, à Marseille (Bouches-du-Rhône).

Huile d'olive.

Médaille d'or .... — M. Lavie, à Constantine.

Médaille de bronze. — Sœur Ursule, à Bône (Constantine).

Mention honorable. — M. Garro (Modeste), à Boghni (Alger).

    —   — M. Feren, cercle de Bougie (Constantine).

Huiles de ricin et d'amandes douces d'Algérie.

Médaille de bronze. — M. Champ, à Blidah (Alger).

Mention honorable. — MM. Barthélemy, Augier et marquis d'Argens d'Eguilles, à Bollène (Vaucluse).

Lin.

Médaille de bronze. — M. Bourlier (Charles), à Alger.

Vin blanc.

Médaille d'or. — M. Bréanté, à Médéah (Alger).

Médaille d'argent. — M. Mondelle, à Douéra (Alger).

Médaille de bronze. — M. Roux, à Millesimo (Constantine).

Mention honorable. — M. François, à Sidi-bel-Abbès (Oran).

Vins rouges.

Médaille de bronze. — M. Retourna père, à Oued-el-Halleg (Alger).

Mention honorable. — M. Bréauté, à Médéah (Alger).

— — M. Sicard, à Médéah (Alger).

Tabacs fabriqués.

Médaille d'argent. — MM. Bakri et comp., à Alger.

Médaille de bronze. — MM. Bosson frères, à Oran.

Soies grèges.

Mention très honorable (hors concours). — M. Chazel, au Ruisseau (Alger).

Mention honorable. — Sœur Jacquot, à Bône.

Soies teintes par application du lentisque.

Mention honorable. — Mme de Lirac, à Alger.

Fromage et Beurre.

Mention honorable. — M. Pasquier, à la Rassauta (Alger).

— — M. Faur-Méras, à Castiglione (Alger)

Essences, Parfums et Savons.

Médaille d'argent. — M. Gros, à Chéragas (Alger).

— — M. Ycardi, à Alger.

Médaille de bronze. — M. Levens, à Alger.

Mention honorable. — M. Beurrey, à Rovigo (Alger).

Conserves d'abricots, groseilles, etc.

Médaille d'argent. — M. Valentin, à Alger.

Olives en saumure.

Médaille de bronze. — Sœur Jacquot, à Bône.

Utilisation de plantes tinctoriales et textiles.

Mention honorable. — M. Miergues, à Blidah (Alger).

Utilisation des racines du diss pour brosses.

Médaille de bronze. — M. Leoni, à Alger.

Liéges et Bouchons.

Médaille de bronze. — M. Héry, à Saint-André de Mascara (Oran).

Engrais et Noir animal.

Mention honorable. — M. Herpin, à Alger.

—   — MM. Harlaut et comp., à Mustapha (Alger).

Mastic à greffer.

Mention honorable. — M. Lhomme-Lefort, á Paris (Seine). hors concours.

Paillassons mécaniques pour couvertures.

Médaille de bronze. — M. Leroux, à Mustapha (Alger).

Corail.

Médaille de bronze. — MM. Palomba et comp., à Bône.

Minerais.

Mention très honorable. — M. Leoni, à Alger.

Outre les primes et médailles qui ont été décernées, les Etablissemeuts de l'Etat désignés, ci-après, ont exposé, hors concours ,dans la quatrième division : *Produits agricoles et matières utiles à l'agriculture.*

Le Jardin d'acclimatation du Hamma, près Alger, une collection complète de légumes secs, de céréales, de graines oléagineuses, tinctoriales et textiles.

Cette collection comprenait 11 variétés de doliques, 28 de haricots, 4 de soja ou pois oléagineux des Chinois, et 4 de Lablab ou haricot vivace, que l'on nomme encore haricot de 7 ans ou haricot couteau ; le Canavalia ensiformis et la lentille d'Espagne.

Les graines de ces espèces, désignées sous le nom de légumes secs, ne manquent pas d'intérêt économique ; elles contiennent des principes azotés qui les rendent précieuses pour l'alimentation. Elles jouissent de l'immunité de n'être que très peu attaquées par les insectes ; elles se prêtent aux grands emmagasinements et peuvent servir aux grands approvisionnements des armées de terre et de mer. Originaires des pays chands, le climat de l'Algérie leur convient admirablement et leur culture en grand peut se faire avec avantage pour l'exportation.

Cet établissement s'est attaché à réunir les meilleures variétés de ces graines, après des cultures comparatives, qui lui ont permis d'être fixé sur leurs mérites respectifs. Les *soja*, introduits depuis quelques années, sous le nom de pois ou haricots oléagineux, jouissent d'une grande réputation en Chine et au Japon, où leur culture s'y fait en grand.

Ces semences contiennent de 6 à 12 pour cent d'huile. Elles portent avec elles leur assaisonnement. On en prépare des purées et des pâtes fermentées qui se vendent journellement chez les marchands de comestibles chinois et japonais. L'agriculture chinoise et japonaise repose sur des principes qui sont en opposition avec les nôtres, et qui se rapprochent des temps les plus primitifs de l'ère de la création ; de cette époque où les hommes se nourrissaient seulement de légumes, et n'élevaient les animaux que pour les offrir en holocauste aux divinités.

En effet, en Chine et au Japon, on s'efforce à n'entretenir que le moins de bétail possible. On y supplée en cultivant de préférence les végétaux qui peuvent donner les corps gras et les principes azotés en abondance. Quant à ce qui concerne les engrais, les peuples de ces pays mettent à profit tout ce que nous laissons perdre, et la loi de restitution y est beaucoup mieux observée que chez nous.

Parmi les céréales, on remarquait 9 variétés d'avoine, 5 de blé, 4 d'orge, 7 de millet, 8 de sorgho, 3 de riz-sec, et 49 de maïs. Parmi ces dernières, se trouvent plusieurs variétés très remarquables, tels que le maïs-fleur, le maïs-tuscarora et le maïs Louis-Philippe, qui opère sa maturité en quatre-vingt-dix jours.

Les espèces oléagineuses étaient représentées par 13 variétés du ricin, plante dont la culture peut offrir de l'intérêt en Algérie ; par le tournesol, soleil ou hélianthe, 2 variétés de sésame, 4 de pavots, la cameline, la madia sativa, le colza, 3 variétés de lin, ainsi qu'un grand nombre d'autres graines intéressantes à différents titres, tels que le fenouil, l'anis vert, la coriandre, la nigelle de Crète, le fenu-grec, et le trèfle d'Alexandrie.

En fait de tubercules alimentaires, on voyait 9 variétés de patates et 8 de colocase. L'époque peu avancée de la saison n'avait pas permis d'exposer des ignames et d'autres tubercules utiles. L'exhibition des patates a démontré que ce tubercule gagne tous les jours du terrain dans les cultures. Les patates se vendent bien sur les marchés, et elles commencent à être appréciées par les populations rurales. Les feuilles et les tiges, dont les bestiaux sont très friands, donnent 50 à 60,000 kilogrammes de fourrages verts à l'hectare ; quant à la plante, elle est particulièrement propre à l'engraissement des porcs.

L'établissement du Hamma avait aussi exposé dix espèces de fruits exotiques acclimatés ou en voie d'acclimatation.

On remarquait deux variétés de bananes, introduites par l'établissement, parmi sept à huit autres qui sont en voie de multiplication. La culture du bananier se répand de plus en plus, dans les cultures maraîchères des environs d'Alger. Il y a douze ans, on doutait que la culture du bananier fût possible et lu-

crative, et ses fruits n'étaient acceptés qu'avec réserve. Aujour-
d'hui, ils sont passés, à Alger, dans les habitudes ; ils se vendent journellement sur les marchés, ils figurent sur toutes les
tables, et chaque courrier en exporte un grand nombre de ré-
gimes à destination de la France et de l'étranger. La culture du bananier a sans doute ses exigences, mais aussi elle
est rémunératrice. Dans le Hamma d'Alger, elle donne annuellement une recette de 4 à 5,000 fr. par hectare. Aussi,
voit-on le bananier prendre la place des légumes les plus
vulgaires, qui sont refoulés dans l'est de la plaine.

Outre des goyaves, avec lesquelles on fait des confitures ex-
quises ; des fruits d'Eugenia ressemblant à une cerise cannelée ;
des fruits de plaqueminier du Japon et de la Louisiane ; de
l'Anona ou crème végétale, nommée aussi cherimolia ; des coings
de la Chine, on voyait les poires de l'Avocatier, arbre qui est
une conquête écie use pour l'Algérie, car son fruit est l'un
des plus estimés par les habitants de toute la zone tropicale,
et enfin, des fruits d'ananas, obtenus en pleine terre, et dont
le développemeut plantureux, démontre que sa culture suivra
de près celle du bananier. On voyait encore, au lot du Jardin
d'acclimatation, un échantillon d'un hectolitre de cochenille
sèche et marchande et de la cochenille vivante attachée à son
nopal ; des cocons du ver à soie de l'ailante et du ver à soie
du ricin.

La Pépinière de Bône a exposé une belle collection de maïs et
de tubercules de patates ; des eaux distillées de l'oranger, de la
verveine et du basilic ; des fruits de piments ; des filasses de

bananier, de jucca et de lin, et enfin des tiges de maïs et de sorgho. Ces collections, bien préparées, témoignent des soins entendus du directeur de cet établissement.

La Pépinière de Milianah a envoyé des poires et des pommes d'un beau développement et d'une bonne conservation ; des noix, des olives et des chataignes. Ces échantillons démontrent que Milianah, ainsi du reste, que beaucoup d'autres points situés à la même altitude, pourra se faire une spécialité très lucrative de la production de nos fruits d'Europe.

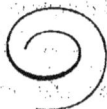